Der brillante und weltberühmte Neurobiologe Stefano Mancuso erzählt Geschichten von Pflanzen, die mit Ereignissen der Alltags- wie der Weltgeschichte verbunden sind. Etwa die Freiheitsbäume der Revolutionen im 18. und 19. Jahrhundert oder die spektakuläre Entführung des Sohnes von Charles Lindbergh 1932. Dieser außergewöhnliche Kriminalfall, der die Weltöffentlichkeit in Atem hielt, ließ sich mit Hilfe eines Holzstücks aufklären. Und da ist die Geschichte einer einzigartigen Rotfichte, aus der Stradivari vierzehn göttliche Geigen schuf. In diesem einzigartigen Buch machen Pflanzen Welt-Geschichte. Stefano Mancuso appelliert an uns alle, die Pflanzen, die Erde und damit uns selbst zu schützen. Ein wichtiges Buch, unnachahmlich erzählt und mit den neuesten Erkenntnissen der Pflanzenforschung fundiert.

Die Welt der Pflanzen

... und wie sie Geschichte machen

Stefano Mancuso

Aus dem Italienischen übersetzt
von Andreas Thomsen

Mit Zeichnungen des Autors

Klett-Cotta

FSC
www.fsc.org
MIX
Papier | Fördert
gute Waldnutzung
FSC® C014889

Klett-Cotta
www.klett-cotta.de
Die Originalausgabe erschien unter dem Titel
»La pianta del mondo« im Verlag
Gius. Laterza & Figli in Bari und Rom

Cover: Rothfos & Gabler, Hamburg
unter Verwendung einer Abbildung von
© Shutterstock, jopelka, losmandarinas, Zoya Kriminskaya
Alle im Buch verwendeten Zeichnungen / Aquarelle
stammen von Stefano Mancuso © Stefano Mancuso
Gesetzt in den Tropen Studios, Leipzig
Gedruckt und gebunden von Friedrich Pustet GmbH & Co
ISBN 978-3-608-98076-9
E-Book: ISBN 978-3-608-11995-4

Zweite Auflage, 2023

Bibliografische Information der Deutschen Nationalbibliothek
Die Deutsche Nationalbibliothek verzeichnet diese Publikation
in der Deutschen Nationalbibliografie; detaillierte bibliografische
Daten sind im Internet über http://dnb.d-nb.de abrufbar.

für Paola und Sonia

INHALT

__EINLEITUNG

Nachdem ich einen Großteil meines Lebens in Gesellschaft von Pflanzen verbracht habe, spüre ich nicht nur ihre allgegenwärtige Präsenz auf dem Planeten, mir ist auch klar geworden, wie sehr ihre Geschichten unsere Geschichten sind.

Anfangs glaubte ich, diese besondere Wahrnehmung der Pflanzenwelt sei schlicht eine Folge meiner Sympathie für diese stillen Wesen. Und wie jeder, der eine starke Affinität zu etwas entwickelt, begann ich, überall Pflanzen zu sehen. Wer schon einmal verliebt war, wird wissen, was ich meine. Man hat dieses seltsame Gefühl, buchstäblich alles, ganz gleich wie gering der Bezug auch sein mag, sei irgendwie mit dem Subjekt der eigenen Liebe verbunden. In jedem Ereignis, in jedem Lied, im Wetter oder in den Pflastersteinen des Bürgersteigs, in allem scheint die Liebesbeziehung widerzuhallen. In diesem Zusammenhang erinnere ich mich an einen amüsanten Roman von Guy de Maupassant (1850–1893), den ich als Junge gelesen habe. Darin geht es um eine Dame, die sich häufig verliebt und bei jeder neuen Liebe ihr ganzes Leben umstellt, indem sie den Beruf des Angebeteten in den Mittelpunkt ihres Interesses stellt. Als sie sich in einen Juristen verliebt, spricht sie von nichts anderem als von Gesetzbüchern und Prozessen, bei einem Apotheker sind es Medizin und Medikamente und bei einem Jockey dreht sich für sie plötzlich alles um Pferde, Sättel und Zaumzeug. Das bekannte, etwa zur selben Zeit entstandene deutsche Volkslied *Grün, grün, grün sind alle meine Kleider* thematisiert etwas Ähnliches, und ich bin sicher, dass die meisten jemanden kennen, der sich schon einmal so verhalten hat. Das ist übrigens einer der Gründe, warum mit frisch Verliebten so wenig anzufangen ist.

Ich begann mich also zu fragen, ob mich meine Verliebtheit in diese grünen Wesen überall Pflanzen sehen ließ, an jedem Ort und am Anfang jeder Geschichte und jedes Ereignisses. Ich habe gründlich darüber nachgedacht und bin zu dem Schluss gekommen, dies sei ziemlich sicher nicht der Fall. Mit Pflanzen zu leben, sie zu studieren und in den Mittelpunkt meines Interesses zu stellen, hat nichts damit zu tun, dass sie am Anfang jeder Geschichte stehen. Es liegt schlicht an ihrer enormen Zahl und der unbestreitbaren Tatsache, dass sie die Quelle allen Lebens auf der Erde sind. Wie könnte es auch anders sein? Wir Tiere tragen gerade einmal 0,3 Prozent zur Biomasse bei, während es bei den Pflanzen 85 Prozent sind. Deshalb bleibt es gar nicht aus, dass jede Geschichte auf die eine oder andere Weise mit Pflanzen zu tun hat. Unser Planet ist eine grüne Welt, weil er ein Planet der Pflanzen ist. Eigentlich kann man keine Geschichte über ihn erzählen, in der nicht auch seine zahlreichsten Bewohner vorkommen. Trotzdem gestehen wir den Pflanzen in unseren Geschichten bestenfalls die Rolle von Statisten zu – sofern wir sie überhaupt erwähnen. Denn diese Wesen, von denen das Leben auf der Erde abhängt, sind aus unserer Wahrnehmung verschwunden.

Sobald man jedoch aufhört, in der Welt ausschließlich den Spielplatz der Menschheit zu sehen, kommt man gar nicht mehr umhin, ihre Allgegenwart zu bemerken. Denn Pflanzen sind überall und ihre Geschichten unweigerlich mit unseren verflochten.

Der englische Komponist Sir Edward Elgar (1857–1934) wurde eines Tages gefragt, woher seine Musik komme. Darauf antwortete er: »Ich denke, dass die Musik in der Luft liegt, sie ist allgegenwärtig, die Welt ist voll davon, und man nimmt sich einfach so viel, wie man braucht.«[1]

Dasselbe gilt für die Pflanzen, denn auch sie sind überall. Um ihre Geschichten zu erzählen, muss man einfach nur zuhören und sich jedes Mal so viel nehmen, wie man braucht.

Genau das tue ich in diesem Buch. Ich greife hier und da Geschichten von Pflanzen auf, die mit Ereignissen der Menschheitsgeschichte verbunden sind, so dass Mensch und Pflanze im großen Epos des Lebens miteinander verschmelzen. Man kann es mit einem Wald vergleichen, in dem jeder Baum durch ein unterirdisches Wurzelgeflecht mit allen anderen zu einem Superorganismus verbunden ist. So wie dort bilden die Pflanzen überall auf der Welt die Grundlage des Lebens. Sie sind der Plan. Sie nicht zu bemerken oder gar zu ignorieren und zu glauben, wir stünden über der Natur, gefährdet das Überleben der Menschheit.

01 __ Pflanzen der Freiheit

—*Ficus macrophylla* (Großblättrige Feige). Dieser gigantische, scheinbar unangreifbare Baum ist für seine Fortpflanzung auf ein einziges Insekt, die Feigenwespe (*Pleistodontes froggatti*), angewiesen. Ohne sie fallen die unbefruchteten Feigen unreif auf den Boden. In seiner Stärke und Erhabenheit gleicht dieser Baum der Freiheit, denn auch sie ist nur schwer zu erschaffen.

01__PFLANZEN DER FREIHEIT

Papier hat mich immer schon unwiderstehlich angezogen. Als ich drei Jahre alt war, verliebte ich mich zuerst in die Kindergärtnerin und gleich danach in Papier. Und diese zweite Liebe hat niemals nachgelassen. Sie besteht unverändert bis heute fort und begleitete mich schon, lange bevor meine Leidenschaft für Pflanzen erwachte. Eine meiner ersten kindlichen Emanzipationserinnerungen hängt mit Papier oder, besser gesagt, mit Comicheften zusammen. Damals glaubte ich, es hinge allein vom Großmut und den Launen meiner Eltern oder anderer erwachsener Verwandter ab, ob ich welche bekam oder nicht. Erwiesen wurde mir die Gnade dieser phantastischen Geschichten in mehr oder weniger regelmäßigen Abständen, etwa an meinen Geburtstagen oder wenn ich etwas Besonderes geleistet hatte. Natürlich wusste ich, dass die Heftchen aus jenen Wonne verheißenden Orten stammten, die man Zeitungskioske nennt. Doch zu diesen heiligen Gefilden hatten nur Erwachsene Zutritt. Für einen Knirps wie mich waren sie so unerreichbar wie der Olymp für alle Sterblichen. Dann eines Tages – ich muss sieben Jahre alt gewesen sein – fand ich mich während eines Urlaubs in Rom unversehens zum ersten Mal in meinem Leben vor einem Stand mit Second-Hand-Comics wieder.

Ich sah Kinder in meinem Alter, mit und ohne Eltern, Erwachsene, Männer und Frauen, die sich alle gleichermaßen an den Wundern dieser Druckerzeugnisse ergötzten. Niemand wurde diskriminiert, noch nicht einmal durch sein Einkommen. Die hundert Lire, die ein Heft kostete und selbst die 400 Lire, die man für fünf Hefte hinblättern musste, lagen durchaus im Rahmen meiner finanziellen Möglichkeiten. Denn ich hatte immer einen Tausend-Lire-Schein dabei, den mein Vater mir »für alle Fälle« mitgegeben hatte. Bis zu diesem Augenblick hatte ich nicht die geringste Vorstellung davon gehabt, was mit diesen »Fällen« gemeint sein könnte. Ich investierte die tausend Lire in zwölf (aufeinanderfolgende) Ausgaben von *Comandante Mark*. Es war ein magischer Moment.

Seit damals sind die Stände mit Second-Hand-Zeitschriften und antiquarischen Büchern zu einem festen Bestandteil meines Lebens geworden. In Florenz besuche ich einige von ihnen nun schon seit mehreren Besitzergenerationen. Und obwohl keiner von ihnen mein Herz so sehr bewegt hat wie jener erste Stand in Rom, sind mir viele der Bücher, die ich an Orten wie diesen entdeckt habe im Gedächtnis geblieben – darunter auch eines mit dem bombastischen Titel *Essai historique et patriotique sur les arbres de la liberté*, das mir auf dem *Marché du livre ancien et d'occasion Georges Brassens*, dem Markt für antiquarische Bücher in Paris, in die Hände fiel.

Der Besuch dieses Marktes gehört zu den unerlässlichen Terminen für jeden Bücherfreund, der in Paris lebt oder sich zufällig am Wochenende dort aufhält. Denn jeden Samstag und Sonntag versammeln sich fünfzig bis sechzig *Bouquinisten*, also Antiquare, unweit des nach Georges Brassens benannten Parks im 15. Arrondissement, um ihre Waren den stets zahlreich erscheinenden Bibliophilen feil zu bieten. Man erkennt sich sofort, denn es sind immer dieselben, die sich an immer denselben Orten treffen, um Wochenende für Wochenende begierig die unsortierten Stapel auf den Ladentischen der Buchhändler zu durchstöbern. Unter ihnen gibt es diejenigen, die seit Jahren nach der einen ganz bestimmten Ausgabe suchen, die ihnen noch fehlt, um ihre Sammlung irgendeiner obskuren Reihe aus dem frühen 20. Jahrhundert zu vervollständigen, oder solche, die Bücher zu ganz bestimmten, oftmals abseitigen Themen sammeln. So ist mir tatsächlich einmal jemand begegnet, der sich mit Kaffeemaschinen beschäftigte. Andere treibt die Leidenschaft für finnische Geschichte, japanische Waffen oder im Boden lebende Mikroorganismen an die Büchertische.

Zumeist sind es Akademiker, die sich jahrelang mit obskuren Interessensgebieten befassen und schließlich in der Welt ihrer Forschungen gefangen sind. Ich gebe zu, so sehr unterscheide ich mich nicht von ihnen. Immer wenn ich das Glück habe, in Paris zu sein, durchstöbere auch ich die Auslagen der Stände auf der Suche nach Büchern über Pflanzen und Bäume, die vielleicht schon vor Beginn des 19. Jahrhunderts veröffentlicht wurden. Im Laufe meines Erwachsenenlebens habe ich auf diese Weise eine ansehnliche Sammlung längst vergessener Bücher über Pflanzen zusammengetragen.

Samstagmorgens öffnet der Markt um neun Uhr für das Publikum. Echte Enthusiasten finden sich allerdings bereits um acht Uhr dort ein, um auf die Öffnung zu warten. Man trifft sich in einer direkt vor dem Markt gelegenen Bar, ausgerüstet mit leeren Rucksäcken, die man zu füllen hofft. Die Begrüßungen fallen etwas unbeholfen aus, denn man kennt sich zwar seit Jahren vom Sehen und manchmal sogar beim Namen oder man weiß, was der andere beruflich macht, hat aber noch niemals ein richtiges Gespräch miteinander geführt. Man trinkt einen Kaffee und beäugt misstrauisch diejenigen, von denen man weiß, dass sie die eigenen Interessen teilen. Es ist fast wie eine Art Fluch, denn ganz gleich, worüber man auch forscht, es gibt immer jemanden, mit dem man um dieselben Bücher konkurrieren muss.

Mein Rivale ist ein großer, schlanker älterer Herr mit wettergegerbtem Gesicht. Er trägt sommers wie winters denselben hellen Regenmantel und wirkt, als habe er viele Jahre seines Lebens unter der Wüstensonne verbracht. Wie alle eingefleischten Büchersucher ist er vollkommen witterungsresistent – ganz gleich, ob es regnet, windet, schneit oder friert, oder ob eine atemlose Hitze auf dem Markt lastet, er ist immer da, jeden Samstag um Schlag acht Uhr. Hinkend wandert er von einem Stand zum nächsten und weiß durch seine kleine Behinderung den Eindruck zu erwecken, er könnte sich nur langsam bewegen, doch sobald etwas seine Aufmerksamkeit erregt, macht er sich mit einer wilden, jugendlich anmutenden Behändigkeit über die betreffenden Bücherstapel her. Mir ist das inzwischen bekannt, aber Neulinge lassen sich durch seine scheinbare Gebrechlichkeit immer wieder täuschen.

Er kennt kein Pardon und ist so hart im Nehmen wie das lagertrockene Holz, aus dem er geformt zu sein scheint. Niemals müde, durchsucht er Stapel um Stapel. Kein Samstag vergeht, an dem er den Markt am Ende des Tages nicht mit einem Rucksack voller Wälzer verließe. Die Buchhändler kennen ihn gut, nennen ihn respektvoll »Professeur« oder »Henri«. Und Professor Henri ist wahrlich ein furchterregender Gegner, ein richtig harter Kerl, dessen einzige Schwächen offenbar die Botanik und die Französische Revolution sind. Ich muss zugeben, dass ich ihn anfangs nicht sonderlich mochte, denn er hat augenscheinlich einen sechsten Sinn für Botanikbücher. Die Stapel durchstöbert er mit dem Instinkt eines Wiesels, das genau weiß, in welchem Kaninchenbau es auf Beute hoffen darf. Wenn wir einander über den Weg laufen, mustert er mich mit immer demselben süffisanten Blick. Zu Beginn des Tages starten wir meistens an den entgegengesetzten Enden des Marktes und beäugen uns misstrauisch aus der Ferne, in der Hoffnung, dem anderen mit einer interessanten Entdeckung zuvorzukommen – ein hartes Unterfangen, wie ich jedem versichern kann.

Umso mehr freute es mich, als ich ausgerechnet während einer unserer Begegnungen auf das berühmte kleine Buch stieß. Es steckte in einer Plastikschutzhülle, wie wir sie als Kinder für unsere Schulhefte benutzten. Ich weiß nicht, ob man es heute noch so macht, aber als Grundschüler liebte ich es, meine Hefte zu Beginn des Schuljahres mit den Schutzhüllen zu versehen. Nur wegen dieser Kindheitserinnerung nahm ich das Exemplar überhaupt in die Hand, obwohl es sich dabei vermutlich nur um ein altes Notizbuch handelte. Geistesabwesend begann ich, darin zu blättern, und stellte zu meiner großen Überraschung fest, dass sich unter der banalen Plastikhülle ein wunderschöner Ledereinband aus dem späten 18. Jahrhundert verbarg. Professor Henri stand neben mir und behielt außer seiner eigenen auch meine Suche im Blick, so als habe er wie ein Chamäleon zwei voneinander unabhängige Augen. Er bemerkte den Einband und erstarrte. Jetzt hatte ich ihn. Mit einer Arglist, die ich mir selbst gar nicht zugetraut hätte, hielt ich das Buch so, dass er es nicht sehen konnte, und blätterte genüsslich darin herum, während ihn die Ungewissheit quälen musste. Als ich die Titelseite erreichte und sah, worum es ging, wusste ich, dass der Augenblick gekommen war, um mich für die erlittenen Kränkungen zu rächen. Ich fühlte mich wie ein Pokerspieler, der unversehens einen Royal Flush auf die Hand bekommen hatte, und machte ein enttäuschtes Gesicht, das den Professor sichtlich erfreute. Unter seinen gierigen Blicken tat ich so, als wollte ich das Buch wieder zurück auf den Stapel legen, überlegte es mir im letzten Moment jedoch anders. »Ach was. Ich nehme es«, raunte ich dem Buchhändler scheinbar lustlos zu, bezahlte, was ich schuldig war, und legte das Buch achtlos zur Seite.

Professor Henri beobachtete jede meiner Gesten, während wir beide etwas geistesabwesend die Auslagen des Händlers durchstöberten. Von Zeit zu Zeit warf ich einen Blick in mein neues Buch, nur um mich gleich wieder gelangweilt abzuwenden. Da lag es, ein unwiderstehlicher Köder, und schließlich konnte er seine Neugier nicht länger bezähmen. »Entschuldigen Sie, Monsieur«, sprach er mich höflich an. »Dürfte ich vielleicht einen Blick in das Buch werfen, das Sie soeben erworben haben?«

»Aber bitte. Nur zu, sehen Sie es sich an.«

Der Professor nahm es, schlug es auf und erstarrte beim Anblick des prachtvollen Titelblattes erneut: *Essai historique et patriotique sur les arbres de la liberté* stand dort. Der Verfasser war ein gewisser Grégoire (1750–1831). Henri konnte seine Augen nicht von dem Büchlein lassen und blätterte ungläubig darin herum.

Ich konnte es mir nicht verkneifen, noch ein wenig Salz in seine Wunde zu streuen. »Haben Sie gesehen? Es wurde im zweiten Jahr der Republik veröffentlicht, also 1794, wenn ich nicht irre«, sagte ich und lächelte ihn an. »Ich frage mich, wie ein so interessantes Buch wohl in einer Schutzhülle für Schulhefte gelandet ist.« Er wiederum wirkte so verletzt, dass ich mich meiner Grausamkeit zu schämen begann. Da ohnehin gerade Mittag war, fragte ich ihn, ob ich ihn nicht zum Essen einladen könne. Damit wollte ich mich nicht nur für mein Verhalten entschuldigen, ich war auch neugierig und wollte mehr über ihn erfahren. Er nahm meine Einladung an, und wir gingen in eine nahegelegene Brasserie.

Sein voller Name lautete Henri Gerard. Über seinen Beruf als Lehrer für französische Geschichte hinaus versuchte ich, mehr über seine Interessen herauszubekommen. »Ich beobachte Sie nun schon seit geraumer Zeit bei der Büchersuche«, begann ich. »Aber ich dachte, Ihre Leidenschaft gilt der Botanik und nicht der Geschichte. Denn heute hatte ich ausnahmsweise Glück, aber ansonsten schnappen Sie mir nun schon seit Jahren die besten Bücher über Pflanzen vor der Nase weg.«

Die Anerkennung seiner Fähigkeiten als Büchersucher schien ihn zumindest halbwegs zu besänftigen, denn in seinem Gesicht blitzte ein kurzes Lächeln auf. »Sie haben recht, was Geschichte und Botanik betrifft. Das sind wirklich meine beiden großen Leidenschaften.«

Ich nahm das Buch, das sich wohl nicht zuletzt dank der Plastikschutzhülle in einem ausgezeichneten Zustand befand, aus dem Rucksack und schlug die Titelseite auf. Der volle Name des Autors war nicht angegeben. »Par Grégoire« stand dort nur, »membre de la convention nationale«. »Sie sind doch Experte für die Französische Revolution. Warum erzählen Sie mir nicht etwas über diesen Grégoire, der über Bäume schrieb. Sie sagten, er war Abt?«

Er sah mich ungläubig an, als hätte ich etwas ganz und gar Ungeheuerliches gesagt: »Sie wissen wirklich nicht, wer Henri Grégoire, der *Bürger*-Priester, war?«

»Nein, ich habe noch nie von ihm gehört«, gestand ich etwas kleinlaut.

Henri Gerard nahm das Büchlein in die Hand und durchblätterte es kopfschüttelnd. Er konnte nicht fassen, dass es ausgerechnet einem Unwissenden wie mir in die Hände gefallen war: »Nun, jetzt gehört es Ihnen, dagegen kann man nichts machen«, sagte er und legte es seufzend auf den Tisch. »Dann sollen Sie wenigstens etwas über den Autor des Werkes erfahren, das so unverdienterweise in Ihren Besitz gelangt ist. Hoffentlich erkennen Sie dann, was für einen Schatz Sie da gefunden haben. – Henri Grégoire, besser bekannt als Abbé Grégoire, ist eine der bemerkenswertesten und faszinierendsten Persönlichkeiten der Revolution, aber selbst ich wusste nicht, dass er auch ein Buch über die Freiheitsbäume geschrieben hat. Und dem Veröffentlichungsdatum nach zu urteilen scheint er sogar der Erste gewesen zu sein, der sich mit diesen Bäumen befasst hat.« Henri Gerard bedachte mich mit einem eindringlichen Blick und schien mich sorgfältig abzuschätzen. »Wenn Sie das Thema wirklich so sehr interessiert, besuchen Sie mich doch kommende Woche bei mir zu Hause. Den Tag können Sie sich aussuchen. Wir trinken einen Kaffee und tauschen uns über Freiheitsbäume aus. Was halten Sie davon?«

Ich nahm die Einladung an, und wir verabredeten uns für den folgenden Mittwoch. Der Professor bedankte sich für das Mittagessen und nannte mir seine Adresse. Er ging wieder auf Bücherjagd, während ich mir alles notierte.

Ich folgte ihm nicht, denn ich war viel zu neugierig auf die Geschichte der Freiheitsbäume, um jetzt noch auf dem Markt nach Büchern zu stöbern. So beschloss ich, einfach sitzen zu bleiben, und widmete den Rest des Nachmittags der Lektüre meines Henri Grégoire.

Seite um Seite enthüllte sich mir das Geheimnis der Freiheitsbäume. Zunächst einmal waren es echte Bäume. Ich hatte schon befürchtet, es könnte sich um eine Metapher handeln, aber nein, es ging um Bäume aus Holz und Blättern. Als greifbares Symbol der revolutionären Ideale waren sie überall in Frankreich gepflanzt worden, vom kleinsten Dorf bis in die Hauptstadt. Seinen Ursprung hatte dieser schöne Brauch jedoch in der Amerikanischen Revolution.

Im Jahr 1765 verabschiedeten die Briten den berüchtigten Stamp Act (Stempelgesetz), der alle Druckerzeugnisse in den amerikanischen Kolonien mit einer Steuer belegte. Das Druckpapier musste aus Großbritannien kommen und mit einer Steuermarke versehen sein, die zeigte, dass die Gebühr entrichtet worden war. Auf diese Weise hätten die Briten faktisch alles kontrollieren können, was in den Kolonien gedruckt wurde, und mit den Einnahmen gleichzeitig die an der Grenze zum Indianergebiet stationierten Truppen finanzieren können. Umgehend kam es jedoch zu Protesten in allen britischen Territorien Nordamerikas. Zunächst noch zaghaft wurden die Unruhen immer gewalttätiger und wuchsen sich schließlich zu einer regelrechten Rebellion gegen die Krone aus.

Eine der größten Protestaktionen fand am 14. August 1765 in Boston statt, wo sich eine Menge aus zornigen Kolonisten unter einer großen Ulme versammelte und eine Strohpuppe aufhängte. Sie stellte den Bostoner Kaufmann Andrew Oliver dar, der von König Georg III. mit der Durchsetzung des Gesetzes beauftragt worden war. Daneben hängte man einen Stiefel mit grün bemalter Sohle, der den Earl of Bute und Lord George Grenville[1] symbolisierte, jene beiden Minister also, die als wahre Urheber der Steuer galten. Dieser Protest war ein erster Akt der offenen Auflehnung gegen die englische Krone, zehn Jahre später sollte er in die Amerikanische Revolution münden.

Die Ulme, unter der sich die Bostoner Kolonisten versammelt hatten, wurde fortan als *The Liberty Tree* bekannt und der Versammlungsbereich um den Baum in *Liberty Hall* umbenannt. Als der Stamp Act 1766 aufgrund der Proteste aufgehoben wurde, fanden die größten Feierlichkeiten just unter der Bostoner Ulme statt, die man zu diesem Anlass mit Fahnen, Bändern und Laternen schmückte. Den Baum erhob man so zum Symbol des Widerstands gegen die Briten schlechthin, und überall in den 13 Kolonien erklärten jetzt Bewohner große Bäume an markanten Plätzen zu ihren eigenen Freiheitsbäumen.

Ein Symbol zu sein, ist jedoch noch keine gute Voraussetzung für ein langes und friedvolles Leben. Die Bostoner Ulme ereilte ihr Schicksal bereits zehn Jahre, nachdem man sie zum *Liberty Tree* ernannt hatte. Wäre das nicht geschehen, der 1646 gepflanzte Baum hätte die Belagerung Bostons vermutlich noch um Jahrhunderte überlebt. Stattdessen fällte eine Gruppe Loyalisten ihn 1775 wegen seiner Symbolkraft und verwendete seine Überreste als Feuerholz – ein trauriges Ende für den ersten aller Freiheitsbäume.

Die Amerikaner haben also die Freiheitsbäume erfunden, verantwortlich für die Verbreitung dieser Idee ist aber die Französische Revolution. Nach Auskunft von Abbé Grégoire geht die Sitte, Bäume zu Symbolen von Freiheit und Brüderlichkeit zu erklären, in Frankreich auf einen gewissen Norbert Pressac zurück. Er war Pfarrer von Saint-Gaudens in der Nähe von Civray, im Departement Vienne, als er im Mai 1790 »eine gut gewachsene Eiche im Wald ausgraben und auf den Dorfplatz bringen ließ, wo sie von beiden Geschlechtern eingepflanzt wurde.« Nachdem das geschehen war, richtete der Pfarrer folgende Worte an die Menschen: »Dieser Baum wird euch daran erinnern, dass ihr Franzosen seid. Und später einmal werdet ihr euren Kindern von der denkwürdigen Zeit berichten, als ihr ihn gepflanzt habt.«

Die Idee der Freiheitsbäume sprach die patriotischen Gefühle der französischen Bevölkerung an, und so verbreitete sich das Phänomen rasch im ganzen Land. Einen eigenen Freiheitsbaum zu besitzen, war allerdings nicht immer leicht, denn in vielen Dörfern gab es keine geeigneten Bäume. Sie mussten schließlich prachtvoll sein. Und da jedes Dorf, jedes Stadtviertel und jede Straße einen eigenen Freiheitsbaum wollte, dessen *majestätisches Haupt* höher aufragte als das aller anderen, setzte in den Wäldern eine wilde Jagd auf die imposantesten Exemplare ein. Es muss keine einfache Zeit für die »Baumpatriarchen« jener Epoche gewesen sein. Und so war das Schicksal jedes großen Baumes in Siedlungsnähe besiegelt. Doch da man es, wie Grégoire anmerkt, »eilig hatte, an riesige Bäume zu kommen, beschaffte man sie sich ohne Wurzelwerk, so dass sie bald vertrockneten.«

Um dem unwürdigen Schauspiel der abgestorbenen, weil wurzellosen Freiheitsbäume ein Ende zu setzen, erließ der Nationalkonvent ein Dekret: »In allen Gemeinden der Republik, in denen der Freiheitsbaum eingegangen ist, soll ein neuer gepflanzt werden, ab jetzt vom ersten Keim an. Der Setzling und seine Pflege werden der Obhut guter Bürger anvertraut, damit der Freiheitsbaum in jeder Gemeinde unter dem

Schutz der französischen Freiheit gedeihe.« Der Geist des Dekrets ist klar: Ein toter Baum taugt nicht als Symbol für eine immerwährende Revolution. »Die sterbende oder tote Natur kann nur Sinnbild des Despotismus sein«, mahnt Grégoire in seinem Buch. Stattdessen müsse »die lebendige und fruchtbare, ihre Wohltaten verbreitende Natur die Freiheit versinnbildlichen, die ihren Wirkungsbereich immer weiter vergrößert und Frankreich seinem Schicksal zuführt.«

Was die Revolution braucht, sind also majestätische und kerngesunde Bäume, die laut Abbé Grégoire obendrein noch eine ganze Reihe weiterer Eigenschaften haben sollten. Der perfekte Baum muss

1. stark genug sein, um auch großer Kälte zu trotzen, da ansonsten ein strenger Winter genügen würde, um ihn eingehen zu lassen;
2. unter den 80 bis 130 Fuß großen Exemplaren ausgewählt werden, weil ein großer und prachtvoller Baum ein Gefühl des Respekts hervorruft, das natürlich mit der Sache assoziiert wird, die er symbolisiert;
3. einen ordentlichen Umfang haben;
4. eine ausladende Krone besitzen, damit die Bürger unter seinen gastfreundlichen Zweigen Schutz vor Regen und Hitze finden;
5. langlebig sein. Und er sollte, wenn er schon nicht ewig existieren kann, unter den Pflanzen ausgewählt werden, die Jahrhunderte alt werden;
6. in der Lage sein, als Einzelbaum in allen Regionen der Republik zu wachsen.

Dass nicht alle Baumarten den Anforderungen entsprachen und nur sehr wenige die notwendigen Ausmaße erreichten, um die Größe der Revolution angemessen zu repräsentieren, versteht sich von selbst. Für Abbé Grégoire kam deshalb nur eine Spezies in Frage. Der Freiheitsbaum sollte eine Eiche sein, denn nur diese Art erfüllte alle notwendigen Voraussetzungen.

Nach der Lektüre des Büchleins hatte ich zwar eine recht klare Vorstellung davon, was die Freiheitsbäume für die Revolution bedeuteten, aber der Gelehrsamkeit von Professor Gerard fühlte ich mich noch nicht gewachsen. Also verbrachte ich die verbleibenden Tage bis zu unserem Treffen damit, so viele Informationen wie möglich über diese faszinierende Geschichte zu sammeln. Ich las alles, was ich darüber finden konnte, kam im Grunde aber nicht über das hinaus, was Abbé Grégoire geschrieben hatte. Anscheinend war nicht sonderlich viel über das Thema bekannt, und die meisten Autoren gaben lediglich wieder, was sie bei Grégoire gelesen hatten, auch wenn sich nur wenige die Mühe machten, ihn zu zitieren.

Mit einem mulmigen Gefühl, das mich an die Zeit meiner Universitätsprüfungen erinnerte, machte ich mich lange vor der vereinbarten Zeit auf den Weg zum Haus des Professors. Der abgetragene Regenmantel, sein Hang zum Feilschen und der Umstand, dass er – wie ich auf dem Büchermarkt gehört hatte – ein ins Mutterland heimgekehrter Auswanderer war, ließen mich vermuten, der Professor schwelge nicht gerade in Luxus. Ich nahm deshalb an, er lebe in einem zwar anständigen, aber dicht besiedelten Viertel. Die Adresse, an der ich mich einfand, hatte jedoch so gar nichts Volksnahes an sich. Im Gegenteil. Das imposante Gebäude mit seinem beeindruckenden, von Atlanten getragenen Eingang entsprach so gar nicht meinen Erwartungen. Die Prachtentfaltung erschien mir so unvereinbar mit der Gestalt von Henri, dass ich schon fürchtete, er wolle sich mit der Angabe einer falschen Adresse an mir rächen. Ich fand eine riesige schmiedeeiserne Tür vor, konnte jedoch nirgends eine Klingel oder Gegensprechanlage entdecken. Zaghaft klopfte ich an die Tür und kam mir dabei ziemlich lächerlich vor. Als ich gerade gehen wollte, öffnete sich die Tür und gab den Blick in eine elegante Eingangshalle frei. Ein uniformierter Pförtner begrüßte mich und fragte, ob ich der Gast sei, den Professor Gerard angekündigt habe. Ich versuchte, meine Überraschung über das luxuriöse Ambiente zu verbergen, und antwortete schlicht mit Ja. Der Pförtner begleitete mich zum Aufzug. »Die Wohnung von Monsieur Gerard befindet sich im vierten Stock. Er erwartet Sie bereits.«

Der Professor stand mit einem Maßanzug bekleidet vor dem Eingang zu seiner Wohnung. Bei seinem Anblick muss ich ein so belämmertes Gesicht aufgesetzt haben, dass er in schallendes Gelächter ausbrach: »Kommen Sie herein, mein Freund. Und entschuldigen Sie, dass ich heute so anders aussehe als bei unserer letzten Begegnung. Aber das ist leicht zu erklären, glauben Sie mir«, fügte er hinzu, weil ich immer noch so verdattert dreinschaute. »Der Büchersucher, den Sie auf dem Markt kennengelernt haben, ist die authentische Version. Lassen Sie sich von Äußerlichkeiten nicht täuschen. Diese Wohnung hier kann ich mir im Grunde gar nicht leisten, und der Anzug ist das einzige elegante Kleidungsstück, das ich besitze. Ich trage ihn auch nur sehr selten. Aber heute schien mir der passende Anlass dafür zu sein: zwei Kollegen, die sich für Freiheitsbäume interessieren, das muss man doch feiern. Denn ich bin sicher, das kommt nicht allzu oft vor. Die Wohnung habe ich von meinen Eltern geerbt. Der Familie meiner Mutter gehörte einmal das ganze Gebäude. Die Wohnung ist alles, was davon geblieben ist ... Und ich bin froh, dass ich die Gemeinschaftskosten nicht bezahlen muss. Mit meiner Lehrerpension wäre das vollkommen unmöglich.« Er lächelte. »Nun, wenn Ihnen mein Aufzug weiterhin die Sprache verschlägt, werde ich mich wohl umziehen müssen.«

Langsam erholte ich mich von meiner Irritation und murmelte ein paar entschuldigende Worte, während Henri mich in sein beeindruckendes Domizil führte, das auf den ersten Blick nichts als Bücher zu enthalten schien. Wir durchquerten eine endlose Abfolge von Räumen, in denen es nichts weiter als Regale voller Bücher bis unter die Decke gab. Möbel, Gemälde oder andere Dinge, mit denen Menschen üblicherweise ihre Häuser und Wohnungen ausstatten, suchte man hier vergeblich. Nur Bücher. Abertausende von Büchern. Während wir die Regale entlangschritten, erläuterte mir der Professor, wie seine Bibliothek geordnet ist: »In diesem und im nächsten Raum Alte Geschichte. Dann Mittelalter, Renaissance, Aufklärung. Hier Reisen, dort Geologie«, und so weiter und so fort, bis wir endlich in einen großen Raum gelangten, der als einziger nicht völlig mit Büchern zugestellt war. Dafür gab es hier einen großen, von Stühlen umstandenen Tisch, zwei riesige Sessel und einen Kamin. Über diesem hing ein großes Gemälde, das einen am Schreibtisch sitzenden Herrn in Kirchenkleidung zeigte – einen von Henris Vorfahren, wie ich annahm.

Er zeigte auf einen der Sessel und bat mich, Platz zu nehmen. »Also was ist? Jetzt spannen Sie mich nicht auf die Folter«, sagte er, noch bevor er sich selbst gesetzt hatte. »Was haben Sie über unsere verehrten Freiheitsbäume herausgefunden?«

Ich begann, ihm den Inhalt des Büchleins zu referieren, und kam mir dabei wie in einer Prüfung vor. Doch ich war gut vorbereitet, denn auch an Daten- und Referenzwissen mangelte es mir nicht. Allerdings schien ihn nichts von dem, was ich zu berichten hatte, sonderlich zu beeindrucken. Er nickte nur immer wieder, als sei ihm das alles längst bekannt. Die einzige neue Information betraf das Büchlein selbst, denn er hatte keinen einzigen bibliographischen Hinweis auf dieses Werk von Grégoire finden können. Keine der maßgeblichen Quellen, die er konsultiert hatte, ja noch nicht einmal der Katalog der französischen Nationalbibliothek erwähnte diesen Aufsatz des Kirchenmannes. Vor allem für die Publikationen aus den frühen Jahren der Revolution ist das allerdings gar nicht so ungewöhnlich. Damals waren kurze Abhandlungen wie diese durchaus üblich, denn sie dienten den Bürgern als Regelwerke, in denen sie nachschlagen konnten. »Diese Büchlein«, erklärte der Professor, »enthielten oftmals buchstabengetreu zu befolgende Anleitungen über Praktiken, die dem Nationalkonvent ganz besonders am Herzen lagen.« Was den Professor jedoch nicht wirklich überzeugte, war der von Abbé Grégoire mehrfach hervorgehobene Hinweis, die Freiheitsbäume hätten besonders große Exemplare zu sein.

»Ich verstehe nicht, warum es unbedingt so große Bäume sein mussten«, resümierte der Professor kopfschüttelnd. »Sicher, sie sollten majestätisch und langlebig sein, aber große Bäume bedeuten einen enormen Aufwand.« Er konnte einfach nicht glauben, der Nationalkonvent habe den Bürgern für ein schlichtes Symbol derartige Mühen abverlangt. »Die Schwierigkeiten müssen gewaltig gewesen sein«, fuhr er fort. »Man stelle es sich einmal vor: So ein 20 oder 30 Meter hoher Baum wiegt sicher mehrere Tonnen. Es erfordert umfangreiche Ausgrabungen, um das wertvolle Wurzelwerk freizulegen, das obendrein nicht beschädigt werden darf. Anschließend musste man verhindern, dass der ausgegrabene Baum nicht einfach umfällt. Wie viele Leute brauchte man wohl, um eine solche Operation durchzuführen?« Immer wieder schüttelte er den Kopf. Einen solchen Aufwand konnte er sich in den Revolutionsjahren nicht vorstellen. »Und das ist längst nicht alles. Die Bäume mussten ja auch noch transportiert werden, kilometerweit durch Wälder ohne Straßen und Wege. Ich wüsste nicht, wie man damals so etwas hätte bewerkstelligen können.«

Er hatte recht, die Schwierigkeiten waren groß. Und dennoch. »Vorsicht, Herr Professor. Der Mensch war immer schon dazu in der Lage, große Werke zu vollbringen. Auch ohne die technischen Hilfsmittel, die uns heute zur Verfügung stehen. Denken Sie nur an die Pyramiden.«

Henri wirkte jedoch nicht überzeugt. »Ich weiß nicht. Sie haben natürlich recht, aber hier stimmt eindeutig etwas nicht. Der Nationalkonvent soll die Menschen gezwungen haben, so hart für ein *Symbol* zu arbeiten? Es war schließlich die Zeit, in der man um das Überleben des Volkes und die Ideale der Revolution kämpfte.«

Er stand auf und ging hinaus, um aus einem der Regale die Verordnungen zu holen, die der Nationalkonvent im Jahr 1792 erlassen hatte. »Hier, sehen Sie: Nahrung, Transport, Sauberkeit, Miliz, Tiere, Kanäle, Verteidigung, Grenzen – *das* waren die Themen, die auf der Tagesordnung standen. Aber sicherlich nicht das Umpflanzen von Baumriesen aus den Wäldern in die Zentren der Städte. Je länger ich darüber nachdenke, desto mehr scheint es mir eine große Torheit zu sein. Und denken Sie immer daran, dass es sich um eine Anordnung des Nationalkonvents handelte! Man hätte doch niemals zugelassen, dass abgestorbene Bäume in den Dörfern die Revolution repräsentieren. Das verstehe ich wirklich nicht. Selbst heute, mit unseren Mitteln, ist die Überlebensrate gering, wenn große Bäume umgepflanzt werden. Das können nur sehr wenige spezialisierte Unternehmen leisten. Damals werden noch weitaus mehr Bäume eingegangen sein, und dafür mussten dann die Verantwortlichen geradestehen.«

Wieder hatte er recht, denn dieser Aspekt war auch mir aufgefallen. Einige Jahre zuvor hatte mir ein Freund Bilder gezeigt, auf denen zu sehen war, wie große Einzelbäume aus einem Wald zur Villa eines russischen Oligarchen gebracht wurden. Obwohl die Bäume im Durchschnitt kaum fünf Kilometer entfernt standen, mussten in den Wäldern neue Straßen angelegt werden, die breit und stabil genug waren, um Bergung und Transport zu ermöglichen. Gerüste, Kräne, Bulldozer und spezielle überlange Lkws wurden eingesetzt. Aber wie sollte man zur Zeit des Abbé Grégoire Tausende Baumriesen aus den Wäldern in die Dörfer gebracht haben, und das auch noch so unbeschadet, dass sie nicht eingingen? Wohl hat es sich um komplexe Operationen gehandelt, an denen unzählige Menschen beteiligt waren. Aber wie will man sich dann erklären, diese geradezu heroischen Anstrengungen hätten keinerlei Spuren in der historischen Überlieferung hinterlassen?

Der Professor stimmte mir zu: »Sie haben völlig recht! Daran hatte ich noch gar ich nicht gedacht. Wenn in jenen Tagen wirklich Tausende Riesenbäume über die Straßen Frankreichs gerollt wären, müsste es unzählige Drucke geben, die an diese Heldentat erinnern. Aber mir ist bis jetzt kein einziger untergekommen. Es gibt Hunderte Zeichnungen von Freiheitsbäumen, aber keine einzige, die ihren Transport aus den Wäldern dokumentiert.« Er erhob sich erneut und kehrte mit einem dicken Band mit Drucken aus den Revolutionsjahren zurück und gab ihn mir. »Hier. Sehen Sie den doch mal durch. Vielleicht haben wir ja Glück. Ich mache uns inzwischen einen Kaffee.« Er verschwand in die entgegengesetzte Richtung, aus der wir gekommen waren.

Ich begann, das Buch langsam durchzublättern, war aber nicht so richtig bei der Sache und blickte mich um, denn mich quälte die Neugier. Wie groß mochte die Wohnung wohl sein? Allein der Raum, in dem ich mich befand, musste größer sein als meine gesamte Wohnung in Italien. Und bei den Preisen in Paris sollte der Besitz einer solchen Immobilie – zumal in dieser Gegend – den Professor eigentlich zu einem sehr wohlhabenden Mann machen. Doch das völlige Fehlen von Möbeln und die mangelnde Sauberkeit passten nicht in dieses Bild. Hinzu kam seine Kleidung, die – mit Ausnahme des teuren Anzugs, den er heute trug – eine andere Geschichte erzählte. Und dann die Bücher. Wie war es ihm möglich gewesen, eine Sammlung wie diese nur mit der Pension eines Gymnasiallehrers zusammenzutragen?

Das alles ging mir durch den Kopf, als ich plötzlich auf eine Doppelseite stieß, die meine Aufmerksamkeit erregte. Es handelte sich um eine Karte von Europa und Amerika, die ich überblättert hätte, wären oben auf der Seite nicht die Worte »Bäume der Brüderlichkeit« und das Datum 1848 vermerkt gewesen. Auf den ersten Blick entdeckte ich auf der Karte keine nennenswerten Merkmale, doch ihr Titel legte nahe, sie müsse irgendetwas mit unserem Thema zu tun haben. Ich sah genauer hin, konnte aber nichts finden, was sie von einer gewöhnlichen Landkarte unterschieden hätte. Alles schien an seinem Platz zu sein. Aber warum dann diese Überschrift?

Ich hielt mir die Karte dichter vor die Augen, um die Details besser zu erkennen, und konnte tatsächlich so etwas wie ein dichtes Netz erahnen, das Dörfer und Städte von einer Seite des Atlantiks zur anderen miteinander verband. Mir lief ein Schauer über den Rücken. Noch einmal überprüfte ich die Karte in aller Ruhe, denn ich musste sicher sein. Das Netz aus Linien ähnelte einem Wurzelgeflecht, aber die Karte war leider nur eine Reproduktion und zudem nicht besonders detailliert. Vielleicht waren es nur Falten im Papier oder Schatten. Oder die Linien bedeuteten etwas ganz anderes. Ich bin einfach so sehr daran gewöhnt, Wurzelsysteme zu studieren, dass ich sie mittlerweile überall zu bemerken glaube. Doch je länger ich hinsah, desto sicherer wurde ich, dass die Orte durch so etwas wie Wurzeln miteinander verbunden waren. Ich beschloss, erst einmal an etwas anderes zu denken und den Professor zu fragen, was er darin sah. Denn manchmal komme ich mir vor wie jemand, der in den Wolken ganz deutlich die Umrisse einer ganz bestimmten Figur erkennt und nicht verstehen kann, dass andere es nicht tun oder etwas ganz anderes darin sehen.

»Könnten Sie bitte kommen und mir helfen«, hörte ich den Professor aus der Küche rufen. »Ich kann nicht alles alleine tragen.« Gemeinsam brachten wir alles Notwendige ins Kaminzimmer und setzten uns wieder. »Haben Sie etwas gefunden?«, wollte er von mir wissen.

»Vielleicht. Aber sagen Sie mir doch bitte, was Sie davon halten.« Ich schlug die Seite mit der Karte auf und reichte ihm das Buch.

»Bäume der Brüderlichkeit«, las er, »sind dasselbe wie Freiheitsbäume. Man nennt sie so oder so.«

Nervös wartete ich ab, denn ich wollte ihm nicht suggerieren, was er sehen sollte. Aber ihm erging es ebenso wie mir zu Anfang.

»Allerdings kann ich an der Karte nichts Interessantes erkennen. Ehrlich gesagt, verstehe ich nicht, warum sie diese Überschrift trägt. Man würde erwarten, dass darauf die Lage der Bäume angegeben ist, aber nichts. Es ist nur eine ganz gewöhnliche Karte.« Er sah mich neugierig an. »Was sollte ich denn sehen?«

»Schauen Sie bitte genauer hin«, erwiderte ich nur, denn ich wollte ihn nicht beeinflussen.

Der Professor setzte seine Brille auf und tat mir den Gefallen. Plötzlich zeichnete sich Erstaunen in seiner Miene ab. Er blickte von einer Seite der Karte zur anderen, hielt sie noch näher vors Gesicht und dann wieder weiter weg. Er wirkte verwirrt. »Sie meinen diese dünnen Linien, nicht wahr?«

Ich nickte erleichtert, denn er sah sie also auch.

»Sie scheinen eine Art Straßennetz zu bilden, das Dörfer und Städte zwischen den beiden Kontinenten verbindet. Aber natürlich können das keine Straßen sein. Sehen Sie hier zum Beispiel. Dutzende von Linien überqueren die Alpen in Gebieten, in denen es meiner Meinung nach gar keine Pässe gibt. Und dann gibt es Regionen, die viel dichter von Linien durchzogen sind als andere, obwohl es dort 1848 noch nicht viele Straßen gegeben haben kann. Zum Beispiel hier in Süditalien«, sagte er und rückte den Sessel näher heran, damit wir gemeinsam auf die Karte blicken konnten. »Kalabrien ist von einem dichten Liniennetz bedeckt. Aber dort gab es damals nur sehr wenige Straßen. Wer von Neapel nach

Sizilien wollte, nahm das Schiff, weil es auf dem Landweg zu schwierig war.«

Er stand auf und holte einen Straßenatlas von 1890 aus einem der anderen Zimmer. Seine Bibliothek schien unerschöpflich zu sein. »Den habe ich vom Georges-Brassens-Markt«. Er lächelte verschmitzt und blätterte, bis er eine Karte Süditaliens fand. »Da haben wir's. In Kalabrien sind nur sehr wenige Straßen eingezeichnet, während unser Liniennetz dort sehr dicht ist, obwohl es sich auf eine fünfzig Jahre zurückliegende Zeit bezieht.« Sichtlich verwirrt hob er den Blick. »Was denken Sie? Was haben diese Linien zu bedeuten?«

Während er sprach, kam mir eine verrückte Idee in den Sinn, aber sie war noch nicht ganz ausgereift. Ich musste erst noch darüber nachdenken, also blieb meine Antwort vage. »Für mich sehen sie aus wie Wurzeln, die Regionen, Städte und Dörfer auf beiden Seiten des Atlantiks miteinander verbinden.«

»*Wurzeln*?« Er sah mich an, als hätte ich den Verstand verloren.

»Ja, Wurzeln. Ich weiß, es klingt verrückt ... Aber ich habe mein ganzes Erwachsenenleben damit verbracht, Wurzeln zu studieren. Glauben Sie mir, ich erkenne ein Wurzelnetzwerk, wenn ich eines vor mir habe. Und was wir auf dieser Karte sehen, ist ohne Zweifel die topographische Wiedergabe eines Wurzelgeflechts. Und auf die Gefahr hin, dass Sie mich für völlig daneben halten ... Meiner Meinung nach handelt es sich sogar um die Darstellung eines Netzwerks von Wurzelnetzwerken.«

»Ein ... *Was?*« Die Stimme des Professors überschlug sich schier, doch ich ließ mich nicht beirren.

»Tatsächlich würde man genauso das unterirdische Wurzelgeflecht darstellen, das die Bäume eines Waldes miteinander verbindet.«

Er wirkte immer noch ungläubig, aber sein Interesse war geweckt. »Könnten Sie mir das näher erklären? Aber halten Sie es bitte einfach. Ungeachtet meiner Leidenschaft für Pflanzen und Botanikbücher hält sich mein Wissen über die Funktionsweise dieser Wesen in Grenzen.«

»Nun, das ist im Grunde gar nicht kompliziert. Die Bäume in einem Wald oder Gehölz existieren nicht getrennt voneinander, sondern bilden durch ihre Wurzeln ein unterirdisches Netzwerk, das sie zu einem riesigen System verbindet. Mit anderen Worten, ein Wald sollte als Superorganismus betrachtet werden, der entsteht, wenn seine Bestandteile, also die Bäume, miteinander agieren. Es ist ein bisschen so wie bei einer Ameisenkolonie. Sie setzt sich zwar aus unzähligen Einzelameisen zusammen, aber die Kolonie als Ganze verhält sich, als wäre sie ein Individuum. Und bei Bäumen ist es nicht anders.« Ich sah ihn an. »Ihnen ist sicher klar, was ich damit sagen will.«

Er zögerte. »Nicht so ganz. Worauf wollen Sie hinaus?«

»Na auf den Umstand, dass Bäume in eine Gemeinschaft eingebunden sind. Oder in eine ›Bruderschaft‹, um einen Begriff aus ihrem Metier zu verwenden.«

»Wenn ich es richtig verstehe, geht es in dieser Karte also um eine Bruderschaft von Bäumen?«

»Nicht einfach von Bäumen, sondern von *Freiheitsbäumen*«, erwiderte ich. »Und es ist sicher kein Zufall, dass auf der Karte die weniger gebräuchliche Bezeichnung ›Bäume der Brüderlichkeit‹ verwendet wird. Ich mag mich irren, aber der Autor scheint uns mit dieser Karte den Mehrwert und die Vorzüge einer Bruderschaft aus Individuen gegenüber unverbundenen Individuen aufzeigen zu wollen. Die Parole der Französischen Revolution – *liberté, égalité, fraternité* – ist in keiner real existierenden menschlichen Gemeinschaft jemals vollständig verwirklicht worden. In den Pflanzengemeinschaften hingegen schon, denn durch die Netzwerke, die sie bilden, haben sie gelernt, in einem perfekten System gemeinschaftlicher Nutzung zu koexistieren.«

»Wenn es stimmt, was Sie sagen, sollte es sich leicht beweisen lassen«, unterbrach mich der Professor. Er war noch undisziplinierter, als ich es als Student gewesen war.

»Und wie?«, wollte ich wissen.

»Nun, wenn diese Karte die Beziehungen zwischen den Bäumen der Brüderlichkeit darstellt, muss jeder Netzwerkknoten einen Ort anzeigen, an dem während der Revolution tatsächlich ein Baum gepflanzt wurde.«

»Nicht nur im Zuge der Revolution von 1789«, korrigierte ich ihn. »Sehen Sie sich das Datum an: 1848. Das ist sicher kein Zufall. Denn ich habe gelesen, dass die ›revolutionäre‹ Praxis, Bäume der Freiheit oder Brüderlichkeit zu pflanzen, während der Ereignisse jenes Jahres sogar noch intensiver gepflegt wurde.«

Während ich weiterredete, durchforstete der Professor die endlosen Regalreihen auf der Suche nach einem ganz bestimmten Buch. Er ging von einer Seite des Raumes zur anderen und schritt Abteilungen ab, deren Ordnung nur er verstehen konnte. Dabei murmelte er Namen von Autoren und Titel von Büchern, die ihm unter die Augen kamen. Ab und an zog er einen Band hervor und blätterte ihn rasch durch, nur um ihn gleich darauf entnervt zurückzustellen. »Ich weiß genau, dass ich irgendwo eine Liste mit den bis 1792 gepflanzten Freiheitsbäumen gesehen habe. Aber ich kann sie einfach nicht finden.« Doch er suchte unverdrossen weiter, bis ihm ein erleichtertes »Endlich!« entfuhr, weil er das gesuchte Büchlein schließlich doch noch entdeckt hatte. Es stammte vom Anfang des vergangenen Jahrhunderts und enthielt in der Tat eine Liste mit Städten, in denen Freiheitsbäume gepflanzt worden waren.

Da wir mittlerweile eine ganze Reihe von Bänden konsultierten, wurde uns das Arbeiten in den Sesseln zu beschwerlich. Der Professor schlug deshalb vor, an den Tisch hinüberzuwechseln. »Ich nenne Ihnen die Ortsnamen und Sie sehen nach, ob sie auf der Karte eingezeichnet sind und – wichtiger noch – tatsächlich Knotenpunkte in Ihrem Wurzelnetzwerk bilden.«

Doch schon nach den ersten Versuchen bat ich ihn, unsere Rollen zu tauschen. Meine Kenntnisse in französischer Geographie waren einfach nicht gut genug, um die kleinen Orte zu finden, die der Professor mir nannte.

»Aber auch ich weiß nicht, wo Vaudeurs oder Hirsingen liegt. Am besten sehen wir im Internet nach«, sagte der Professor und las weiter die Ortsnamen vor, während ich versuchte, sie mit Hilfe des Internets auf unserer Karte zu lokalisieren. Uns wurde jedoch schnell klar, dass auch dieses System nicht funktionierte, denn die Karte war ursprünglich über anderthalb Meter lang und einen Meter breit. Um auf die beiden Buchseiten zu passen, hatte man sie so stark verkleinern müssen, dass viele Ortsnamen vollkommen unleserlich geworden waren. Wenn wir weiterkommen wollten, mussten wir also unbedingt das Original oder zumindest eine genauere Reproduktion hinzuziehen. Nur so ließe sich feststellen, ob es sich bei den Linien tatsächlich um ein Wurzelsystem und nicht nur um ein Hirngespinst meinerseits handelte.

Obwohl der Band mit den Drucken keinen Hinweis auf den Standort oder die Herkunft der Karte enthielt, war der Professor zuversichtlich, dass wir sie schnell finden würden. »Glauben Sie mir, in der Nationalbibliothek wird man uns etwas sagen können. Oder, noch besser, im Museum Carnavalet, das eine beeindruckende Sammlung von Drucken aus der Revolutionszeit besitzt. Ein alter Freund von mir arbeitet dort. Ich rufe ihn morgen früh an und sage Ihnen dann Bescheid.«

Am nächsten Morgen – ich hatte noch nicht einmal fertig gefrühstückt – rief der Professor, wie versprochen, an. Er klang aufgeregt. »Bitte kommen Sie sofort ins Carnavalet. Ich habe das Original gefunden. Der Autor wollte anscheinend wirklich ein riesiges globales Wurzelsystem darstellen. Machen Sie schnell, ich bin gespannt, was Sie sagen.«

Ich beeilte mich und stand keine halbe Stunde später neben dem Professor vor einem Originaldruck der Karte. Der Unterschied zu der winzigen Reproduktion war gewaltig. Bei den feinen, auf der Verkleinerung kaum erkennbaren Linien zwischen Orten und Regionen handelte es sich zweifelsfrei um Wurzeln. Bei der Reproduktion im Buch fehlte nämlich der gesamte obere Teil. Auf dem Original war eine riesige Pappel abgebildet, von deren Basis das Wurzelwerk abzweigte, das Europa und Amerika durchzog.

»Sie hatten recht«, sagte der Professor. »Auf der Karte scheinen tatsächlich alle bis 1848 gepflanzten Freiheitsbäume dargestellt zu sein.«

»Ja, kein Zweifel. Und es ist eine überaus detaillierte Karte, wie man jetzt erst sieht. Die einzelnen Wurzelstränge lassen sich ganz wunderbar verfolgen. Es müssen Tausende von Ortsnamen sein, die sie miteinander verbinden.«

Wir machten uns umgehend an die Arbeit. Der Professor hatte die Liste mitgebracht und las die Namen der Orte vor, an denen Freiheitsbäume gepflanzt worden waren, während ich überprüfte, ob die Wurzeln an der betreffenden Stelle einen Knoten bildeten. Um es kurz zu machen, unsere Vermutungen bestätigten sich. Auf der Karte waren nicht nur alle Orte mit Freiheitsbäumen verzeichnet, die Wurzeln, die die Orte miteinander verbanden, waren auch umso dicker, je mehr Bäume der Brüderlichkeit es in einer bestimmten Region gab. Es war der faszinierende Versuch, die Funktionsweise eines Netzwerks wiederzugeben. Diagramme wie dieses findet man heute allenthalben in Veröffentlichungen über komplexe Systeme.[2] Doch die Karte von 1848 war ihrer Zeit weit voraus.

»Erkennen sie den Baum, zu dem das Wurzelsystem gehört? Es ist eine Pappel«, sagte ich.

»Und das bedeutet?«

»Ich glaube, diese Art wurde nicht zufällig ausgewählt, denn der lateinische Name der Pappel lautet *Populus*, Volk. Dem Autor des Druckes kam es offensichtlich auf die Symbolkraft der Pflanze an. Der Weltenbaum ist also zugleich der Baum der Völker, die sich zum Geist der Revolution bekennen.«

An diesem Tag arbeiteten wir die Liste der Freiheitsbäume durch und konnten ihr dank der Karte noch viele weitere hinzufügen. Danach müssen allein in Paris Hunderte, wenn nicht Tausende Freiheitsbäume gepflanzt worden sein. Man hatte sie so verteilt, dass immer einer in Reichweite war. Jeder kleine Platz, jede breite Straße und jeder Hof, der groß genug war, beherbergte einen. Auch die Vororte von Paris müssen voller Bäume gewesen sein. Von Abbé Grégoire erfahren wir, wie viele Freiheitsbäume bis 1792 in ganz Frankreich gesetzt wurden: »In allen Gemeinden kann man prächtige Bäume sehen, die ihre Häupter gegen die Tyrannei erheben. Ihre Zahl beläuft sich auf über 60.000, denn sie schmücken auch noch das kleinste Dorf. In den größeren Gemeinden Südfrankreichs stehen sie in fast jeder Straße und vor so manchem Haus.«

Von diesen Bäumen der Brüderlichkeit, die sich in der Revolutionszeit zu einem Netzwerk verbanden, haben jedoch nur wenige überlebt. Man findet sie versteckt an abgelegenen Orten in Europa. In großen Städten wie Paris gibt es sie gar nicht mehr. Als weithin sichtbare Symbole der Revolution wurden sie rasch zum Ziel von Repressalien. Man verstümmelte, fällte und zerfetzte sie oder versah sie mit royalistischen Inschriften. Der Umstand, dass sie Eingang in die Gesetzgebung des Nationalkonvents fanden, machte sie zum Emblem eines bei vielen verhassten Regimes. Bereits im Jahr 1800, dem elften Jahr der Revolution, waren kaum noch welche übrig. Die wenigen, die Konsulat und Kaiserreich überlebten, wurden in »Napoleon-Bäume« umbenannt, was jedoch nur dazu führte, dass man ihnen während der Restauration den Garaus machte.

Während der revolutionären Erhebungen von 1848 und der Pariser Kommune im Jahr 1871 wurden zwar neue Freiheitsbäume gepflanzt. Aber sobald das politische Regime wechselte, opferte man die Bäume den neuen Verhältnissen. Sie sind leicht zu fällen, machen ordentlich Krach, wenn sie umstürzen und leisten kaum Widerstand. Deshalb gibt es nur sehr wenige Überlebende aus der Zeit, in der Bäume Menschen vereinten. Die meisten finden sich in abgelegenen Dörfern und Städten in Frankreich oder Italien. In Kalabrien etwa sind einige der bourbonischen Restauration entgangen und haben sogar die im 20. Jahrhundert einsetzende Zersiedlung überstanden. Aber sie werden immer weniger, bald wird es keine mehr geben. Dabei wäre es so wichtig, die verbliebenen Freiheitsbäume zu schützen und ihre Geschichten zu erzählen, bevor nur noch das Bild auf der französischen Zwei-Euro-Münze an sie erinnert.

02 __ Pflanzen der Stadt

—Im Gegensatz zu den vollständig bebauten Idealstädten auf den Renaissance-Gemälden, in denen kein Grashalm sprießt, werden die Städte der Zukunft über und über mit Pflanzen bedeckt sein.

02__PFLANZEN DER STADT

Die Geschichte der Freiheitsbäume, die einst das Bild so vieler Städte und Gemeinden zierten, kommt mir immer dann in den Sinn, wenn ich eines der drei berühmten Renaissance-Gemälde betrachte, die eine *Idealstadt* wiedergeben. Bewundern kann man diese Meisterwerke in der Galleria Nazionale delle Marche in Urbino, im Walters Art Museum in Baltimore und in der Gemäldegalerie Berlin. Sie wurden von unbekannten Künstlern geschaffen, entstanden jedoch zweifellos in Italien und verkörpern die Idee der perfekten Stadt, in der für Vegetation offenbar kein Platz ist – sieht man einmal von ein paar verstreuten Pflanzen ab, die der Künstler als dekorative Elemente auf dem Gemälde von Urbino verwendete. Nehmen wir ruhig dieses Bild als Beispiel. Unter anderem wurde es Leon Battista Alberti (1404–1472), dem Vater der Renaissance-Architektur, zugeschrieben. Er ist auch der Verfasser von *De re aedificatoria* (*Über das Bauwesen*), dem grundlegenden Architekturtraktat des Renaissance-Humanismus. Das Gemälde zeigt einen Platz in Zentralperspektive, in dessen Mitte sich eine prächtige Kirche erhebt. Das geometrische Pflaster des Platzes lässt die Gebäude wie Spielfiguren auf einem riesigen Schachbrett erscheinen. Das perfekte Rund der Kirche, die Symmetrie der beiden achteckigen Brunnen und die Größenverhältnisse der Gebäude, alles in dieser Stadt wirkt wie eine Manifestation des menschlichen Geistes. Sicher, es ist nur ein Gemälde und gibt ebenso wie die anderen beiden keine real existierende Stadt wieder. Das ist richtig. Aber wenn diese *Ideale* auch niemals verwirklicht wurden, spiegeln sie doch wider, wie wir uns eine Stadt vorstellen.

Fragen wir uns also, was die Gestalt unserer Städte stärker beeinflusst. Ist es unsere Vorstellung davon, wie sie *sein* oder wozu sie *dienen* sollten? Natürlich sind beide Aspekte wichtig. Ich glaube jedoch, es ist in erster Linie unser kulturelles und evolutionäres Erbe, das bestimmt, wie unsere Städte aussehen. Denn in unserem kollektiven Gedächtnis ist die Notwendigkeit, sich zu verteidigen, nun einmal tief verankert. Als die Menschen anfingen, sich an einem Ort niederzulassen und Behausungen zu errichten, zogen sie damit zwangsläufig eine Trennlinie zwischen ihrem Zuhause und der sie umgebenden Natur. Der Schutz vor Raubtieren, auch menschlichen, war immer schon ein wesentlicher Aspekt, den es beim Bau unserer Siedlungen zu berücksichtigen galt. Die Trennung zwischen dem von der Natur beherrschten Außen und dem sie aussperrenden Innen ist ein uraltes Erbe, das uns begleitet, seitdem man die allerersten Hütten baute.

Die antike Stadt setzte auf Umfassungsmauern und andere Wehranlagen, um das Innere zu schützen und gegen das bedrohliche Außen zu verteidigen. Die Notwendigkeit einer nicht ohne weiteres passierbaren Barriere setzte den Städten jedoch räumliche Grenzen, so dass für raumfordernde produktive Tätigkeiten wie die Landwirtschaft innerhalb der Stadtmauern kein Platz war. Für den englischen Historiker Arnold Toynbee (1889–1975) haben deshalb Städte aller Typen zu allen Zeiten gemeinsam, dass die Bewohner innerhalb ihrer Mauern niemals so viel Nahrung produzieren können, wie sie zum Überleben benötigen.[1] Eine Stadt ist notwendigerweise vom natürlichen Kontext getrennt, in den sie eingebettet ist, denn sie ist etwas völlig anderes als die Natur. Sie ist der Ort des Menschen, ein Ort, den er selbst erschaffen und an dem die Natur keinen Platz hat.

Aber ist die Form der Stadt, wie wir sie kennen, die einzig mögliche? Oder können wir uns diese Orte, an denen mittlerweile über die Hälfte der Menschheit lebt, nicht auch anders vorstellen? Bisher haben wir dieses Gedankenexperiment ausschließlich Architekten und Stadtplanern überlassen, obwohl wir uns meiner Ansicht nach alle daran beteiligen sollten. Wie wir unsere Städte künftig gestalten, wird sich nämlich massiv auf die Überlebenschancen der Menschheit auswirken. Ob es uns gelingt, den Kampf gegen die Erderwärmung zu gewinnen, wird nicht zuletzt von der Gestalt, den Materialien und der Funktionsweise unserer Zentren abhängen.

Um das zu verstehen, müssen wir etwas weiter ausholen.

Der Mensch bewohnt diesen Planeten immer weniger in seiner Gesamtheit, sondern konzentriert sich auf bestimmte Regionen und Ballungszentren. Bis in die jüngere Geschichte hinein war das noch anders, als menschliche Populationen auch in den entlegensten Winkeln der Erde zu finden waren. Nicht so in unserer Zeit. Der Mensch beansprucht heute nur noch einen winzigen Teil des Planeten, nämlich die Fläche, die unsere Städte einnehmen. Bis zum Jahr 2050 werden 70 Prozent der bis dahin vermutlich auf knapp zehn Milliarden Menschen angewachsenen Weltbevölkerung in Städten mit teils mehreren zehn Millionen Einwohnern leben.

Im Jahr 1950 lebten noch über zwei Drittel (70%) der Weltbevölkerung auf dem Land. Im Jahr 2007 war es nur noch etwas weniger als die Hälfte, und das Tempo dieser Entwicklung nimmt stetig zu. Laut Prognosen werden bis 2030 60 Prozent der Weltbevölkerung in Städten leben, und bis 2050 wird der Anteil auf 70 Prozent ansteigen. Wenn diese Vorhersagen eintreffen, werden sich die globalen Verteilungsverhältnisse von Stadt- und Landbevölkerung innerhalb nur eines Jahrhunderts (1950–2050) umgekehrt haben.[2] Natürlich gibt es große Unterschiede in den verschiedenen Weltgegenden. Während Afrika in weiten Teilen noch immer sehr ländlich geprägt ist, leben in den beiden Amerikas bereits über 80 Prozent der Bevölkerung in Städten. In Italien und Deutschland ist dieser Anteil mit 71 beziehungsweise 75 Prozent zwar etwas niedriger, aber dafür kommen Frankreich, Spanien und Großbritannien auf deutlich über 80 Prozent.

Auffallend an dieser rasant fortschreitenden Urbanisierung ist der Umstand, dass sie im krassen Gegensatz zu unseren übrigen Aktivitäten steht. Während sich Kommunikation, Handel, Ernährung, Industrie, Kultur und andere typisch menschliche Verhaltensweisen immer globaler und weitergefasst gestalten, konzentrieren wir unsere Wohnorte immer mehr auf einen eher vernachlässigbaren Teil der Erdoberfläche. Wenn man die Antarktis einmal beiseitelässt, bedecken unsere Städte gerade einmal 2,7 Prozent der globalen Landfläche.[3] Ihre unwiderstehliche Anziehungskraft lässt Ballungszentren mit immer höherer Bevölkerungsdichte entstehen, während gleichzeitig weite Landstriche entvölkert werden.

Besonders faszinierend finde ich, dass diese Entwicklung eine urmenschliche Verhaltensweise allmählich und grundlegend umzukehren scheint. Seit sie die evolutionäre Bühne betreten hat, war es eine der Hauptbeschäftigungen der Menschheit, neue Lebensräume zu erschließen. Schon immer suchten wir nach Gebieten, die wir neu besiedeln konnten, und verbreiteten uns auf diese Weise von Afrika aus über den gesamten Planeten. Doch innerhalb nur weniger Jahrzehnte haben wir plötzlich damit aufgehört. Nehmen wir als Beispiel nur die Geschichte der Weltraumforschung. Im Jahr 1969 setzte der Mensch zum ersten Mal einen Fuß auf den Mond – und ist im Grunde nie wieder dorthin zurückgekehrt. Nicht richtig zumindest. Eugene Cernan (1934–2017), Harrison Schmitt (*1935), Ronald Evans (1933–1990) und fünf Mäuse waren im Dezember 1972 die letzten Lebewesen, die die Erdumlaufbahn mit diesem Ziel verlassen haben.[4] Mit der Eroberung des Mondes scheint der Höhepunkt der menschlichen Expansion überschritten zu sein, denn zum ersten Mal in der Menschheitsgeschichte ist ein neu erobertes Territorium nicht Teil unseres Lebensraumes geworden. Zum ersten Mal gab es keine Pioniere und zum ersten Mal in der menschlichen Entdeckungsgeschichte kehren wir seit über fünfzig Jahren nicht an einen Ort zurück, den wir bereits erkundet haben. Wir haben unseren Expansionsdrang verloren. Niemand scheint mehr daran interessiert zu sein, neue Gebiete zu kolonisieren. Stattdessen ziehen unsere urbanen Zentren uns unwiderstehlich an, in denen wir uns wie eine Herde Schafe aneinanderdrängen.

Was ist der Grund für dieses Verhalten? Einander abwechselnde Phasen, in denen sich Pflanzen- und Tierarten ausbreiten und zurückziehen, sind durchaus normal. Befindet sich der Mensch vielleicht gerade in einer Phase des Rückzugs? Wir sehen uns zwar gerne als außerhalb der Natur stehend, unterliegen aber denselben Umweltfaktoren, die auch die Ausbreitung aller anderen Arten steuern, darunter abiotische wie das Klima oder Umweltveränderungen, aber auch Wechselwirkungen mit anderen Arten. Im Grunde ist es ganz einfach: Je günstiger die Bedingungen sind, desto weiter verbreitet sich eine Art und desto größer sind ihre Überlebenschancen. Letzteres wird niemanden überraschen. Stellen wir uns eine Art vor, die einmal auf dem gesamten Planeten heimisch war, aus irgendeinem Grund aber nur noch in kleinen, abgegrenzten Gebieten vorkommt. Das Risiko auszusterben nimmt für diese Art zu,[5] denn die Wahrscheinlichkeit, lebensbedrohliche Umweltveränderungen könnten eintreten, ist auf lokaler Ebene sehr viel höher als auf globaler.

Nun werden Organismen, die im Hinblick auf Klima und Nahrungsangebot keine besonderen Ansprüche an die Umwelt stellen, als »Generalisten« bezeichnet, während man solche, die zum Überleben auf ganz spezielle Umgebungen angewiesen sind, »Spezialisten« nennt.[6] Die Überlebenschancen von Generalisten sind selbstredend höher, denn sobald sich die Umweltbedingungen verändern, können sie sich besser anpassen, während Spezialisten stets Gefahr laufen auszusterben.[7]

Nehmen wir als Beispiel einen Allesfresser, der sich von verschiedenen Tieren und Pflanzen ernähren kann. Er hat eine deutlich bessere Überlebensfähigkeit als ein Monophage wie der Koala, der ausschließlich die Blätter des Eukalyptusbaumes verzehrt. Ein Beispiel für einen Klimaspezialisten ist der Kaktus, der sich daran angepasst hat, bei hohen Temperaturen in wasserarmen Umgebungen zu überleben. In diesem Lebensraum kann er mit anderen Arten konkurrieren, während er außerhalb davon nicht überlebensfähig ist.

Betrachtet man den Verlauf seiner Ausbreitung über den Planeten, so scheint sich der Mensch von einem Generalisten, der jede Umgebung besiedeln konnte, schließlich in einen Spezialisten verwandelt zu haben, der nur noch in bestimmten Lebensräumen, wie Städten, gedeihen kann. Denn ungeachtet ihrer Lage und Geschichte sind ihnen gewisse Merkmale gemeinsam, denen es ländlichen Umgebungen mangelt. Man könnte also sagen, Städte seien zur speziellen ökologischen Nische des Menschen geworden.

Ursprünglich geht dieser Begriff auf den amerikanischen Zoologen Joseph Grinnell (1877–1939)[8] zurück, der das Konzept zu Beginn des 20. Jahrhunderts geprägt hat. Danach bestimmen die grundlegenden Merkmale eines Lebensraums die ökologische Nische einer Art und beeinflussen ihre Anpassung an die Umgebung, damit sie sich besser vermehren und ausbreiten kann. Im Fall des Kaktus etwa wird die ökologische Nische durch das Zusammenspiel von Wüstenhabitat und physiologischen Merkmalen nebst pflanzlicher Verhaltensweisen definiert, die es ermöglichen, sich erfolgreich anzupassen. Wenden wir diese Definition nun auf unsere Städte an, dann wird deutlich, dass sie für uns genau dasselbe sind wie die Wüste für den Kaktus, nämlich die Orte, an denen wir uns am besten ausbreiten und vermehren können, weil sie uns im Rahmen unserer Spezialisierung die besten Überlebenschancen bieten.

Legt man unsere Produktivität und die Höhe unseres Einkommens zugrunde (was an sich schon fragwürdig ist), scheinen wir in urbaner Umgebung jedenfalls sehr viel besser zu gedeihen als in jeder ländlichen. Das belegt der Zusammenhang zwischen dem Anstieg des Bruttoinlandsprodukts (dem berüchtigten BIP) und der Urbanisierung. Einer Studie zufolge, die 2008 in 181 Ländern durchgeführt wurde, ging ein um zehn Prozent erhöhter Urbanisierungsgrad mit einem Pro-Kopf-Anstieg des BIP um 61 Prozent einher.[9] Mit anderen Worten, in der sozio-ökonomischen Nische Stadt sind wir nicht nur produktiver, unsere

Effizienz steigert sich sogar noch, je mehr städtische Sphäre wir zur Verfügung haben. Denn fast überall auf der Welt sind in den Städten sanitäre Einrichtungen, sauberes Trinkwasser, Transportmöglichkeiten, Schulen und Krankenhäuser besser erreichbar als auf dem Land.[10]

Die Auswirkungen dieser Spezialisierung ließen nicht lange auf sich warten. Jeder kennt die berühmte Kurve, die darstellt, wie sich die Weltbevölkerung im Laufe der Zeiten entwickelt hat. Sie zeigt einen signifikanten demographischen Anstieg, der erst vor etwa 200 Jahren eingesetzt hat. Bis dahin waren die Bevölkerungszahlen während Jahrtausenden nur sehr langsam und kaum wahrnehmbar angestiegen. Aber dann änderte sich etwas, und im Jahr 1800 lebten plötzlich eine Milliarde Menschen auf der Erde. Diese Entwicklung beschleunigt sich seither kontinuierlich. Während es bis zur zweiten Milliarde noch 127 Jahre dauerte, waren es bis zur dritten nur noch 33, bis zur vierten 14 und so weiter. Ursache dieses unaufhaltsamen Wachstums ist natürlich die Industrielle Revolution, aber nicht nur sie. Auch die Urbanisierung und die Entwicklung der modernen Stadt haben das demographische Wachstum begünstigt.[11] Tatsächlich gehen beide Phänomene Hand in Hand, denn Industrialisierung und Urbanisierung sind zwei Erscheinungsformen der menschlichen Spezialisierung, die eines städtischen Umfeldes bedarf.

Alles gut also? Nur zum Teil. Die Vorteile des Stadtlebens sind zwar unbestreitbar, aber die Konzentration vieler Menschen auf so engem Raum birgt auch nicht zu unterschätzende Risiken. Dabei teilen wir das gleiche Schicksal wie der Koala; die extreme Spezialisierung macht uns sehr viel anfälliger dafür auszusterben als etwa Mäuse. Dass wir uns vom Generalisten zum Spezialisten gewandelt haben, ermöglicht uns zwar einen besseren Zugang zu Ressourcen und lässt sie uns effizienter nutzen, macht unser Leben sicherer und fördert die Ausbreitung unserer Art, es setzt die Menschheit aber auch einer großen Gefahr aus. Denn sobald sich die Bedingungen, die unser Gedeihen fördern, in der urbanen Umwelt verändern, wirkt sich das erheblich auf unsere Überlebenschancen aus.

Dafür gibt es eine einfache Erklärung. Die Spezialisierung von Arten ist nur in einer stabilen Umgebung vorteilhaft. Bei schwankenden Umweltbedingungen wird sie gefährlich. Der Erfolg unserer städtischen Lebensweise erfordert es, kontinuierlich und exponentiell ansteigend Ressourcen und Energie zu gewinnen. Ohne eine kontinuierliche Versorgung mit Öl, Gas, Trinkwasser, Holz, Aluminium, Eisen, Kupfer, Lithium, Wolfram, Phosphor, Kalium, Stickstoff, Kobalt, Ruthenium, Molybdän, Lanthan, Lutetium, Scandium, Yttrium, Neodym und anderem mehr ließen sich Wachstum und Erhaltung unserer Art nicht länger gewährleisten. Allerdings gehen viele der genannten und andere nicht genannte Rohstoffe bereits zur Neige. Für einige werden wir sicher Ersatz finden und andere noch effizienter recyceln. Doch so dringlich das auch ist, der entscheidende Faktor ist ein anderer.

Was unsere Städte nachhaltig verändern wird, ist der Klimawandel. Denn so wie sich die Erderwärmung und ihr plötzliches Auftreten auf die Umweltbedingungen auswirken, werden unsere städtische Lebensweise und damit unser Überleben massiv gefährdet. Dabei verursachen die Städte selbst die Klimaveränderungen maßgeblich mit. Aktuell sind sie für rund 70 Prozent des weltweiten Energieverbrauchs verantwortlich und verschlingen über 75 Prozent der natürlichen Ressourcen. Sie sorgen für 75 Prozent der Kohlendioxidemissionen und produzieren 70 Prozent des weltweiten Abfalls. Bis zum Jahr 2050 müssen sie weitere zweieinhalb Milliarden Menschen beherbergen, was den Ressourcenverbrauch auf heute noch gar nicht abschätzbare Weise steigern wird. Diese Zahlen verdeutlichen, dass sich die vom Menschen verursachten Umweltprobleme nur über die Städte lösen lassen.

Aber wie könnten diese Lösungen aussehen? Faktisch gibt es sie zuhauf. Und noch haben wir es selbst in der Hand, die Funktionsweise unserer Städte von Grund auf zu verändern, indem wir Aspekte wie Verkehr, Wasserverbrauch, Abfallproduktion und Kohlendioxidausstoß in geschlossene Kreisläufe zurückführen. Das wird unsere Städte deutlich effizienter machen und damit auch die Umweltschäden begrenzen, für die sie verantwortlich sind.

Als Erstes müssen wir unsere Vorstellung, wie Städte sein sollten, revidieren. Das dürfen wir nicht aufschieben, denn der Ort, an dem wir leben – unser Zuhause – sollte nicht länger als etwas betrachtet werden, das jenseits der Natur liegt. Um es klar zu sagen: Die Science-Fiction-Phantasien einer Erde, die vollständig von riesigen Städten aus Glas und Metall bedeckt ist, mit Flüssen aus fliegenden Autos, aber ohne einen Hauch von Grün, stellen eine dystopische und völlig unmögliche Zukunft dar. Das Los Angeles in *Blade Runner*, der Planet Trantor in Isaac Asimovs (1920–1992) *Foundation-Zyklus* oder das vom griechischen Stadtplaner Konstantinos Apostolou Doxiadis (1913–1975) entworfene Konzept der Ecumenopolis, das die Entstehung einer planetenweiten Stadt voraussieht, können niemals Realität werden, weil es ihnen an Nachhaltigkeit mangelt. Denn für ihr Überleben sind Städte auf kontinuierliche Energie- und Materialströme, also auf Ressourcen angewiesen, die anderswo produziert werden müssen.

Um die Frage nach den Ressourcen zu klären, die eine Stadt benötigt, können wir auf das Konzept des *ökologischen Fußabdrucks* von 1994 zurückgreifen, das Mathis Wackernagel (*1962) und William Rees (*1943) entwickelten. Sie beschreiben ihn als »ein Werkzeug, um unseren Nahrungsverbrauch zu bilanzieren. Mit seiner Hilfe lässt sich der Naturverbrauch der Menschen messen. Die Energie- und Materialströme in einer Wirtschaftseinheit werden geschätzt und umgerechnet in Wasser- und Landflächen, die nötig sind, um diese Ströme aufrechtzuerhalten.«[12] Mit anderen Worten, der ökologische Fußabdruck misst alle Ressourcen (Treibstoff, Strom, Wasser usw.), die Menschen einer Stadt verbrauchen, und alle produzierten Abfälle und gibt die Landfläche (in Hektar) an, die wir benötigen, um diese Ressourcen zu produzieren und die Abfälle zu beseitigen. Der ökologische Fußabdruck kann sich also ebenso auf eine einzelne Person wie ein Unternehmen, eine ganze Stadt oder einen ganzen Staat beziehen. Versuchen wir es einmal mit einer einfachen Berechnung. Multipliziert man die etwa neun Millionen Einwohner Londons mit dem 5,4 Hektar großen ökologischen Fußabdruck eines einzelnen Londoners,[13] dann benötigt die Stadt London für ihre Bedürfnisse also eine Fläche von 486.000 Quadratkilometern, was in etwa dem Doppelten der Gesamtfläche Großbritanniens entspricht.

Städte, ganz gleich welcher Größe, können sich letztlich nur entwickeln, weil irgendwo anders auf dem Planeten die dafür notwendigen natürlichen Ressourcen ausgebeutet werden. Das setzt der Größe von Städten natürliche Grenzen. Und ebenso wie es kein kontinuierliches Wirtschaftswachstum geben kann, wird auch das Wachstum der Städte über kurz oder lang enden, denn ein endlicher Planet verfügt nun einmal nicht über unendliche Ressourcen. So sehr wir auch an eine »großartige Zukunft« der Menschheit glauben mögen, die Bedürfnisse der Stadtbevölkerung werden mehr und mehr Ressourcen erfordern, die irgendwo auf dem Planeten gewonnen werden müssen.

Die Städte können also nur auf Kosten der planetaren Ressourcen wachsen, was am Beispiel der Landwirtschaft besonders deutlich wird. Der Homo sapiens erschien vor etwa 300.000 Jahren auf der Bildfläche, aber das änderte lange nichts am Antlitz der Erde, deren bewohnbare Gebiete nahezu vollständig von Wäldern und Savannen bedeckt blieben. Noch vor tausend Jahren wurden kaum vier Prozent der Landflächen, die nicht von Eis oder Wüsten eingenommen waren, landwirtschaftlich genutzt.[14] Heute sind zehn Prozent der Landfläche mit Eis bedeckt und weitere 19 Prozent aus anderen Gründen unfruchtbar (Wüsten, Salinen, Strände, Felsen usw.). Von der verbleibenden Landfläche nutzen wir inzwischen jedoch 50 Prozent landwirtschaftlich. Die Wälder der gemäßigten Zonen, die im 18. Jahrhundert noch über 400 Millionen Hektar einnahmen,[15] sind nahezu vollständig verschwunden[16] und auch die tropischen Wälder schrumpfen bedenklich. Innerhalb weniger Jahrhunderte mussten enorme Waldflächen der Landwirtschaft weichen, so dass heute nur noch 37 Prozent der bewohnbaren Erdoberfläche von Wäldern bedeckt sind.

Die Frage ist nun, ob es wirklich 50 Prozent der nutzbaren Landfläche braucht, um die benötigten Nahrungsmittel zu produzieren. Die Antwort lautet Nein. Denn nur 23 Prozent dieser riesigen Fläche, die wir Wäldern und anderen natürlichen Ökosystemen abgerungen haben, werden für die Produktion pflanzlicher Nahrungsmittel genutzt, während wir 77 Prozent an die Viehzucht verschwenden.[17] Wie unsinnig dieses Missverhältnis ist, wird deutlich, wenn man sich vor Augen hält, dass die Viehzucht nur 18 Prozent des Kalorien- und 37 Prozent des Proteinbedarfs der Menschheit deckt. Schon jetzt verschlingen unsere Städte gewaltige Ressourcenmengen und die zunehmende Urbanisierung verschlimmert die Lage stetig. Das müssen wir uns endlich klar machen. Denn die Verstädterung der menschlichen Gesellschaft verändert unsere Lebensbedingungen gravierend und ist nur mit der Sesshaftwerdung des Menschen vor etwa 12.000 Jahren vergleichbar, als aus umherwandernden Jägern und Sammlern allmählich Bauern wurden.

Ich denke, diese Transformation hat sich so schnell vollzogen, dass wir niemals wirklich begriffen haben, was eine Stadt eigentlich ist. Tatsächlich sind Städte äußerst differenzierte Gebilde, doch so wie wir an das Phänomen herangehen, tragen wir dieser Komplexität nicht annähernd Rechnung. Jahrhundertelang glaubten Planer, die Stadtentwicklung mit einigen wenigen Planungskriterien – von in Wahrheit marginaler Wirksamkeit – lenken zu können, wobei man den Menschen als einzige Interessensgruppe ansah. »In der Welt der Planungstheorie ist der Mensch der einzige Akteur«, schrieb erst vor wenigen Jahren Robert Beauregard, emeritierter Professor für Stadtplanung an der Columbia University, und weiter: »Nicht-menschlichen Faktoren wird nicht derselbe ontologische Status beigemessen. Man erachtet sie als passive materielle Objekte, die durch Reglementierungen, informelle Vereinbarungen und Anreize gehandhabt werden können. Auf kommunikativer Ebene sowie in Gesetzgebung und Stadtrechtstheorie stellen die nicht-menschlichen Faktoren Epiphänomene dar. Nur der Mensch ist von theoretischer Bedeutung.«[18] Dabei liegt es eigentlich auf der Hand, dass man die Funktionsweise komplexer Systeme, wie es Städte nun einmal sind, gar nicht verstehen kann, wenn man alles nur aus der menschlichen Bedarfsperspektive betrachtet. Um es klipp und klar zu sagen: Wenn Stadtforscher und Stadtplaner fortfahren, ausschließlich die unmittelbaren Bedürfnisse der menschlichen Stadtbewohner zu berücksichtigen, werden sich eben diese Bedürfnisse mit Sicherheit sehr bald schon nicht mehr befriedigen lassen.

Um die Stadt als Ganze zu verstehen, müssen wir alle Elemente beachten, die dieses Ökosystem charakterisieren. Deshalb ist es auch kein Zufall, dass der bedeutendste Ansatz, die Stadt und ihre Funktionsweise zu begreifen, auf die Arbeit eines Botanikers zurückgeht. Der Schotte Patrick Geddes (1854–1932) war eine faszinierende Persönlichkeit. Als Professor für Botanik lehrte er von 1888 bis 1920 am University College in Dundee und revolutionierte nebenbei unsere Sichtweise auf die Stadt und die Stadtplanung. Eine beachtliche Leistung für einen Botaniker, will ich meinen. Er war nicht nur ein Pionier in der systematischen Erforschung der britischen Flora, sondern auch ein Theoretiker, der erkannt hatte, dass Städte im Licht der Evolutionstheorie betrachtet und mit Hilfe der Werkzeuge analysiert werden müssen, die uns Ökologie und Soziologie an die Hand geben.

Das Herzstück von Geddes' Stadtplanungstheorie ist der Gedanke, die Stadt sei ein lebendiges Wesen, ein Produkt ihrer Geschichte, ihrer Interaktion mit der Umwelt, ihrer Gebäude und ihrer sozialen, ökonomischen und ökologischen Netzwerke. Jede Funktion der Stadt, wie spezifisch sie auch sein mag, lässt sich mit den Bestandteilen eines lebenden Organismus vergleichen. Straßen oder Bahnlinien etwa sind die Adern des Stadtkörpers, während die Kommunikationsleitungen Nervenbahnen entsprechen, durch die Impulse und Gedanken transportiert werden. Für Geddes ermöglicht die Stadt selbst sogar technologische Innovationen. Heutzutage würden wir sagen, dies sei eher eine emergente Eigenschaft der Stadt, als von Menschen geschaffen.[19] Obwohl sie aus menschlichem Handeln resultieren, sind Eisenbahnen, Kommunikationsleitungen und Industrieanlagen letztlich nur Ausdrucksformen des organischen Stadtmodells.

Stadtplaner befassen sich damit, Verkehrsnetze und Areale für Wohn-, Gewerbe- oder Freizeitzwecke zu gestalten. Und sie entwickeln Konzepte, die es möglichst vielen Menschen erlauben, auf eng begrenztem Raum so komfortabel wie möglich zusammenzuleben. Auf diese

Weise entstehen allerdings Lösungsmodelle, die der Stadt von außen aufgezwungen werden.

Für Patrick Geddes ist eine solche A-priori-Stadtplanung zum Scheitern verurteilt. Als Biologe weiß er, dass es nicht in der Macht des Menschen steht, eine organische Ordnung zu erschaffen. Ebenso wenig wie ein Wissenschaftler Leben erschaffen kann, können Stadtplaner Städte erschaffen. Die Entwürfe, die der menschliche Verstand hervorbringen kann, sind notwendigerweise begrenzt, und die komplexen Gebilde darauf zu reduzieren, hieße für Geddes, die Stadt zu töten. Denn ihre Lebendigkeit entspringt einer Mannigfaltigkeit, die der menschliche Geist in seiner Beschränktheit für Chaos hält. Wenn Menschen sich zufällig begegnen, Firmen gleichzeitig unabhängig voneinander agieren, Verkehrsströme sich in alle Richtungen ergießen oder die Chancen und Geschichten sich überschneiden und ständig neu entstehen, nehmen wir das alles als ein einziges großes Durcheinander wahr. Dabei sind es Bestandteile eines organischen Zusammenwirkens, das einfach viel zu komplex ist, um in seiner Gesamtheit von uns erfasst oder gar verstanden zu werden.

Geddes ist sich auch bewusst, wie bedeutsam all die nicht-menschlichen Lebewesen sind, die zu einer Stadt gehören. In seinen Evolutionsstudien faszinierten ihn ganz besonders die symbiotischen Beziehungen zwischen unterschiedlichen Arten, die sogar dazu führen können, dass neue Arten mit ganz neuen Eigenschaften entstehen. Er untersuchte die Beziehungen zwischen Pflanzen und Tieren und kam zu dem Schluss, die wichtigste Gestaltungskraft des Lebens bestehe darin, dass Lebewesen miteinander kooperieren.[20] Geddes zufolge wirkt sich Kropotkins (1842–1921) Prinzip der *Gegenseitigen Hilfe* sehr viel stärker auf das Verhältnis der Lebewesen aus als der Konkurrenzkampf. In einem Prozess, den wir als Koevolution bezeichnen, gelingt es vor allem Pflanzenarten durch die langsame, von der Evolution gesteuerte wechselseitige Anpassung von Generation zu Generation, einen Zustand des *gegenseitigen Nutzens* zu erreichen. Städte entwickeln sich auf sehr ähnliche Weise und können nur gedeihen, wenn sich Mensch und Umwelt, also

Gebäude, Netzwerke, Pflanzen und Tiere zum gegenseitigen Nutzen verändern. Alle Planungsversuche müssen deshalb einen interaktiven Charakter besitzen und darauf beruhen, Räume und ihre Bewohner aneinander anzupassen – und zwar nicht nur die menschlichen Bewohner. Kein Entwurf, der auf eine großangelegte Stadtgestaltung zielt, wird jemals von Erfolg gekrönt sein, weil die Evolution für so unterschiedliche Lösungen offen ist, dass sie einfach nicht vorherzusehen sind. Geddes sieht eine Parallele zu den Aggregationsverbänden in der Biologie, in denen sich einfache Organismen zusammenlagern, um komplexe Strukturen zu bilden.[21] Denn auch im städtischen Raum schließen sich einfache Module mehr oder minder zufällig zusammen und ergänzen sich zu einem komplexen Gefüge.[22]

Das revolutionäre und nach wie vor aktuelle Werk des schottischen Botanikers veränderte die Sichtweise der Stadtforschung völlig, denn Geddes zeigte, dass die Gesetzmäßigkeiten von Evolution und sozialer Organisation auch für das Leben einer Stadt gelten. Dank Geddes ist die Vorstellung, es gäbe so etwas wie einen Stadtkörper und Stadtmetabolismus, heute weithin akzeptiert. Denn wie ein Lebewesen ist auch eine Stadt darauf angewiesen, stetige Energie und Ressourcen zugeführt zu bekommen, um zu wachsen und zu gedeihen. Und wie ein Lebewesen produziert sie Abfälle. Um diesen Kreislauf und damit die Stadt am Leben zu erhalten, ist die Anwesenheit von Pflanzen unerlässlich. Allerdings trägt das Erscheinungsbild unserer Städte diesem Umstand noch nicht einmal ansatzweise Rechnung. Man muss sie nur von oben betrachten, um zu erkennen, dass es sich um weitgehend zugebaute, mineralische Räume handelt. Nur ein sehr geringer Teil der verfügbaren Fläche wird von Pflanzen eingenommen. Und in vielen historischen Zentren, deren Gestaltung ins Mittelalter oder die Frühe Neuzeit zurückreicht, fehlen sie sogar völlig.

Um zu erkennen, wie kritisch die Situation ist, genügt schon eine oberflächliche Betrachtung, auch wenn es sich wegen der unterschiedlichen Messmethoden oft nur schwer quantifizieren lässt, wie umfangreich die Städte mit Vegetation bedeckt sind. Einen wichtigen Schritt in diese Richtung stellt das Projekt *Treepedia* dar, welches das Weltwirtschaftsforum gemeinsam mit dem MIT durchführt und bei dem die Baumbedeckung von Städten überall auf der Welt gemessen wird. Von den untersuchten Städten erreicht Vancouver mit 25,9 Prozent den höchsten Baumbedeckungswert. Viele urbane Zentren bleiben allerdings deutlich unter zehn Prozent. Dies ist ein erschreckend niedriger Wert, wenn man die Vorteile bedenkt, die das Vorhandensein von Pflanzen für alle Bereiche menschlicher Aktivität mit sich bringt. Vor allem jedoch sind diese Werte unvereinbar mit dem notwendigen Kampf gegen die Erderwärmung, die bekanntlich größte Gefahr für das Fortbestehen der Menschheit.

Die meisten Leser werden wissen, was die Erderwärmung ist und wodurch sie bewirkt wird. Dennoch kann es nicht schaden, uns die Ursachen des globalen Klimawandels noch einmal kurz ins Gedächtnis zu rufen. Obwohl man in den Gazetten bisweilen irreführende Nachrichten über einen angeblich fehlenden Konsens unter Wissenschaftlern liest, besteht an seiner Existenz nicht der geringste Zweifel. Die Durchschnittstemperaturen auf der Erde steigen mit noch nie dagewesener Geschwindigkeit, und die Hauptursache dafür sind die ansteigenden Treibhausgase – vornehmlich Kohlendioxid – in der Atmosphäre. Und dafür sind menschliche Aktivitäten verantwortlich. Auch daran ist nicht zu zweifeln. Nur selten herrschte in der Wissenschaft größere Einigkeit über ein Phänomen und seine Ursachen.

Doch welche Folgen die Erderwärmung haben wird, wissen wir noch nicht genau. Natürlich gibt es Modelle, die eine Reihe von Effekten im Zusammenhang mit dem Temperaturanstieg vorhersagen, aber noch hat niemand wirklich verstanden, was passieren wird, wenn wir keine wirksamen Gegenmaßnahmen ergreifen und es bis zum Ende des Jahrhunderts um durchschnittlich mehr als vier Grad wärmer sein wird. Einige Folgen der Erderwärmung sind allerdings schon jetzt sichtbar und lassen sich beim besten Willen nicht wegdiskutieren. Dazu gehören immer neue Rekordtemperaturen und die Zunahme besonders heftiger Unwetterphänomene, die sogar in Gebieten auftreten, in denen man so etwas bislang nicht kannte. Auch zu Waldbränden kommt es vermehrt und in größerem Umfang, während an unseren Küsten der ansteigende Meeresspiegel zunehmend zur Bedrohung wird. Das sagt aber nicht viel darüber aus, was in den nächsten Jahren darüber hinaus passieren könnte.

Diese Unsicherheit liegt nicht zuletzt in dem Umstand begründet, dass buchstäblich jeder physikalische und biologische Prozess temperaturabhängig ist. Mit anderen Worten, die möglichen Auswirkungen sind so groß und vielschichtig, dass sich keine detaillierten Vorhersagemodelle entwickeln lassen. Eines ist jedoch sicher: Die Stadt, als unsere neue ökologische Nische, wird davon nicht unberührt bleiben. Tatsächlich sehen sich viele Städte schon heute mit den Folgen der Erderwärmung konfrontiert, und die Lage wird sich in Zukunft noch verschärfen. Die Gründe dafür liegen auf der Hand. Über 90 Prozent der urbanen Zentren liegen an der Küste und werden wegen des steigenden Meeresspiegels immer häufiger Überflutungen ausgesetzt sein. Extreme Wetterereignisse, seien es Stürme, Starkregen oder Dürren, werden immer größere Schäden anrichten, die den Menschen nicht nur direkt betreffen, sondern auch Folgen für die Wirtschaft haben, weil sie die normalen Abläufe in den Städten stören und damit auch Handel und Gewerbe beeinträchtigen. Die Zunahme sommerlicher Hitzewellen wird sich katastrophal auf die Gesundheit der Menschen auswirken, denn steigende Temperaturen erhöhen die Gefahr von Epidemien und neuen Krankheiten.

Zu einem erschreckenden Ergebnis kommt eine Studie aus dem Jahr 2017: In den Städten werden bis Mitte des Jahrhunderts selbst dann über 350 Millionen Menschen an den Folgen von Hitzewellen sterben, wenn es uns gelingen sollte, den Anstieg der Durchschnittstemperatur auf nur zwei Grad über dem vorindustriellen Niveau zu begrenzen – ein zum jetzigen Zeitpunkt vollkommen illusorisch erscheinendes Ziel.[23] Erschwerend kommt hinzu, dass die Temperaturen in urbanen Zentren ohnehin um durchschnittlich 6,4 Grad höher liegen als im Umland.[24] Dafür verantwortlich ist vor allem das Phänomen der Wärmeinseln, verursacht durch die dichte Bebauung. Zwar unterliegt dieser Wert starken Schwankungen, die von der geographischen Lage und den baulichen Charakteristiken der Stadtzentren abhängen, aber er zeigt, welche gewaltigen Auswirkungen unsere Art zu bauen auf die Umwelt hat.

Der englische Chemiker und Apotheker Luke Howard (1772–1864), beobachtete als Erster den Effekt städtischer Wärmeinseln und zudem erkannte er, dass die Temperaturunterschiede in der Nacht größer ausfielen als am Tag. In seiner 1820 veröffentlichten Abhandlung *The Climate of London* – der ersten Stadtklimastudie überhaupt – verglich er Temperaturdaten, die über einen Zeitraum von neun Jahren im Zentrum und in der ländlichen Umgebung Londons gemessen worden waren. Und er stellte fest, dass es »nachts in der Stadt um 3,7 °F (also 2,1 °C) wärmer ist als auf dem Land.«

Die Gründe für die Überhitzung sind vielfältig und hängen mit der Bauweise unserer Städte zusammen. Entscheidend dafür, Wärmeinseln entstehen zu lassen, sind die künstliche Beschaffenheit der städtischen Oberflächen und die fehlende Vegetation, die durch Beschattungs- und Verdunstungseffekte für Abkühlung sorgen könnte. Hinzu kommt, dass die vielen dunklen Flächen in den Städten deutlich mehr Sonnenstrahlung absorbieren und Materialien wie Asphalt oder Beton ganz andere thermische Eigenschaften besitzen als die für ländliche Gebiete charakteristischen Vegetationsdecken. Außerdem geht ein erheblicher Teil der Energie, die von Fahrzeugen, Industrieanlagen, Heizungen und Klimaanlagen verbraucht wird, in Form von Abwärme verloren, was ebenfalls dazu beiträgt, die Umgebungstemperatur zu erhöhen. Zudem spielen Faktoren wie die Geometrie der Gebäude, der fehlende Wind, die erhöhte Luftverschmutzung und der Staub, die die Wirkung der Sonneneinstrahlung verstärken, eine wichtige Rolle.[25]

Man muss kein Prophet sein, um zu erkennen, dass die Erderwärmung das Problem der Wärmeinseln in den Städten noch weiter verschärfen und sich negativ auf unsere Umwelt auswirken wird. Deshalb ist es auch so wichtig, allen Menschen vor Augen zu führen, was aus den steigenden Temperaturen folgt, wenn wir den Kampf gegen die Erderwärmung gewinnen wollen. Denn so groß der Konsens unter Wissenschaftlern auch ist, den meisten Bürgern ist noch immer nicht klar, wie gravierend sich das Phänomen bereits jetzt auf sie persönlich auswirkt.

Unser Problem besteht darin, immer noch keinen vernünftigen Weg gefunden zu haben, um die Tatsachen so zu kommunizieren, dass die Menschen sie auch wirklich verstehen. Es genügt einfach nicht, über extreme Wetterereignisse zu berichten oder die Gefahren der Erderwärmung aufzuzählen. Die meisten von uns können sich einfach nicht vorstellen, wie nur zwei Grad mehr, die man doch eigentlich kaum spürt, so gravierende Folgen für unser Leben haben sollen. Und doch wird diese kleine Veränderung dazu führen, dass immer mehr Menschen unter Hitzestress leiden, sich die Luft- und Wasserqualität verschlechtern, Nahrungsmittel knapper werden, bisher auf die Tropen beschränkte Krankheiten sich auch in gemäßigteren Zonen ausbreiten und es vermehrt zu sozialen Spannungen kommt. Die Berichterstattung über das Problem ist jedoch viel zu abstrakt, um es für breitere Schichten der Bevölkerung greifbar zu machen. Daten und Fakten allein bringen Menschen nicht dazu, ihre Meinung oder gar ihr Verhalten zu ändern. Und das liegt keineswegs an der zu geringen wissenschaftlichen Bildung der Bevölkerung. Das mangelnde Bewusstsein für das Problem, dass sich die Erde erwärmt, hat anscheinend nichts mit dem Bildungsgrad zu tun.[26] Vielmehr fällt es den Menschen einfach schwer, sich ein geistiges Bild von einem so großen und komplexen Phänomen wie der Klimakrise zu machen. Dagegen hilft nur Visualisierung.

Um zu veranschaulichen, wie die Erderwärmung das Klima unserer Städte selbst im besten Fall bis zur Mitte des Jahrhunderts verändern wird, verglich die ETH Zürich die für das Jahr 2050 prognostizierten Klimadaten der großen Weltstädte mit dem heutigen Klima anderer Städte. Daraus ergab sich, die Sommer auf der Nordhalbkugel würden in dreißig Jahren durchschnittlich dreieinhalb Grad und die Winter sogar 4,7 Grad wärmer sein und die Städte ein Klima haben wie die heutigen, tausend Kilometer weiter südlich gelegenen Zentren. Mit anderen Worten, in Rom wird es 2050 so sein wie heute in Izmir, in London wie in

Barcelona, in Stockholm und Oslo wie in Wien, in München wie in Rom, in Moskau wie in Sofia, in San Francisco wie in Rabat, in Los Angeles wie in Gaza, in Paris wie in Istanbul und in Madrid wie in Marrakesch.[27]

Das klingt gar nicht gut oder? Es gibt allerdings auch eine gute Nachricht. Denn unsere Städte sind zwar besonders anfällig für die Folgen des Klimawandels, aber sie sind auch die Orte, an denen wir der Erderwärmung am effektivsten entgegenwirken können. Da die Städte für 75 Prozent der menschlichen Kohlendioxidemissionen verantwortlich sind, müssen diese auch hier gestoppt und aus der Atmosphäre gefiltert werden. Und zwar mit Hilfe von Bäumen.

Eine im Jahr 2019 veröffentlichte Studie des Polytechnikums Zürich kommt zu dem Schluss, eine Billion Bäume auf dem Planeten anzupflanzen, sei die mit Abstand beste Lösung, um der Atmosphäre einen erheblichen Teil des Kohlendioxids wieder zu entziehen, das seit Beginn der Industriellen Revolution freigesetzt wurde.[28] Obwohl an den Ergebnissen der Studie nicht zu rütteln ist, ließ die Kritik nicht lange auf sich warten. Es sei gar nicht genug Platz da, um so viele Bäume zu pflanzen, hieß es, und die Kosten seien viel zu hoch. Diese Einwände lassen sich jedoch leicht entkräften, denn Platz für Bäume ist in Wahrheit genug vorhanden. Und die Kosten, so beträchtlich sie auch sein mögen, sind nichts im Vergleich zu dem, was uns alternative, weit weniger effiziente Maßnahmen oder gar ein weiterer Anstieg der Kohlendioxidkonzentration in der Atmosphäre kosten würden.

Wenn es uns gelingen sollte, einen bedeutenden Anteil dieser Bäume innerhalb der Städte zu pflanzen, wäre der Effekt noch größer, da bin ich mir sicher. Denn Pflanzen nehmen Kohlendioxid umso effizienter auf, je näher sie sich an dessen Produktionsquelle befinden. In der Stadt sollte deshalb jede verfügbare Fläche mit Pflanzen bedeckt sein. Und damit meine ich nicht nur die üblichen Orte, also die (wenigen) Parks, Boulevards und Blumenbeete, sondern buchstäblich jede Oberfläche, also auch Dächer, Fassaden und Straßen. Überall dort, wo Pflanzen wachsen können, sollten auch welche wachsen. Wir haben uns zwar an die Vorstellung gewöhnt, Städte hätten undurchlässige, mineralische, die Natur aussperrende Orte zu sein, aber Gewohnheiten lassen sich ändern. Es spricht nämlich absolut nichts dagegen, Städte fast vollständig mit Pflanzen zu bedecken. Weder technische noch wirtschaftliche Gründe stehen einer Bepflanzung im Wege. Und der Nutzen wäre gar nicht zu ermessen. Nicht nur das Kohlendioxid würde gleich dort gebunden, wo es entsteht, auch die Lebensqualität der Menschen würde sich enorm verbessern, denn Pflanzen beeinflussen unsere Lebensweise in jeder Hinsicht positiv. Sie wirken sich günstig auf unsere körperliche und geistige Verfassung aus, fördern Geselligkeit, sorgen für eine erhöhte Aufmerksamkeitsspanne und führen sogar zu weniger Kriminalität.

Warum unsere Städte ungeachtet der unzähligen Studien, die die Vorteile der Begrünung innerhalb und außerhalb von Gebäuden zweifelsfrei belegen, nicht längst mit Pflanzen bedeckt sind, bleibt ein Rätsel. Dabei wissen wir schon seit Jahrhunderten, dass Pflanzen die Luftqualität verbessern. Bereits im Jahr 1661 veröffentlichte der Schriftsteller John Evelyn (1620–1706) ein Buch mit dem vielsagenden Titel *Fumifugium or The Inconveniencie of the aer and smoak in London dissipated together with some remedies* (Fumifugium oder Von den Unannehmlichkeiten, die mit der verrauchten Luft in London einhergehen, nebst einigen Vorschlägen, dagegen Abhilfe zu schaffen), bei dem es sich um eine der ersten Untersuchungen zur Luftverschmutzung handelt. Der ungewöhnlich modern anmutende Text ist in drei Hauptteile gegliedert. Der erste befasst sich damit, was die schlechte Luftqualität in London verursacht, nämlich mit dem Rauch, der bei der Verbrennung von Kohle entsteht, und beschreibt dessen negative Auswirkungen auf die Atemwege. Im zweiten Teil fordert Evelyn ein Kohleverbot für London und spricht sich stattdessen für die Verwendung von Brennholz aus. Im dritten Teil schließlich wartet er mit einer Lösung auf, die bis heute nichts an ihrer Wirksamkeit eingebüßt hat: Die Londoner Luftqualität ließe sich verbessern, indem man großflächig Bäume und Sträucher in der Stadt und ihrer unmittelbaren Umgebung anpflanzt.

Wie revolutionär dieser Vorschlag zur damaligen Zeit war, ist heute kaum noch zu ermessen. Seinen Zeitgenossen wird er wie die Idee eines

Träumers erschienen sein, faszinierend, aber substanzlos. Man muss sich vor Augen halten, dass die Photosynthese zu Evelyns Zeit noch gar nicht bekannt war. Sie wurde erst über ein Jahrhundert später, dank der Experimente von Joseph Priestley (1733–1804) und Jan Ingenhousz (1730–1799) entdeckt. Was man über die Fähigkeit der Pflanzen wusste, die Luftqualität zu verbessern, beruhte auf empirischen Erfahrungen und Spekulationen, die jeder wissenschaftlichen Grundlage entbehrten. Dennoch erkannte John Evelyn bereits die Notwendigkeit, unsere Städte und Länder mit Bäumen zu bepflanzen – und das in einer Zeit, als weite Teile Europas noch von Wald bedeckt waren und die Industrielle Revolution in weiter Ferne lag.

Im Jahr 1664, also drei Jahre nachdem Evelyn *Fumifugium* publiziert hatte, veröffentlichte er ein weiteres bemerkenswertes Buch mit dem Titel *Sylva, or Discourse on Forest-Trees* (Sylva oder Eine Abhandlung über Waldbäume). Es wurde von der gerade gegründeten Royal Society herausgegeben und ist eine enzyklopädische Studie über das Anpflanzen von Bäumen, angefangen mit der Auswahl des Saatguts bis hin zu dem, was die am häufigsten, auf britischem Gebiet gedeihenden Baumarten brauchen und was ihnen schadet. *Sylva* ist weder die erste noch eine besonders originelle Abhandlung über Forstwirtschaft. Außergewöhnlich ist jedoch, wie Evelyn versucht, seine Leser von der Notwendigkeit zu überzeugen, mehr Bäume anzupflanzen. Um das Bewusstsein zu schärfen, wie bedeutsam Bäume sind, ist ihm jedes Argument recht. Der wenige Jahre zuvor beendete Englische Bürgerkrieg (1642–1649) etwa hatte wegen des stets holzhungrigen Militärs zu umfangreichen Abholzungen geführt. Das nimmt Evelyn zum Anlass, auf eine dringliche Wiederaufforstung hinzuweisen, schon um den Holznachschub für die Marine und den Schiffsbau sicherzustellen.

Aber das war offensichtlich ein Vorwand. Obwohl Evelyn sein Werk auf dem Titelblatt als Antwort auf »bestimmte Fragen« anpreist, die von »den leitenden Offizieren und Kommissaren der Marine« vorgebracht worden seien, sind viele der Arten, die er anzupflanzen empfiehlt und die er so liebevoll beschreibt, für den Schiffsbau gar nicht geeignet. Tatsächlich will Evelyn einfach nur erreichen, dass so viele Bäume wie möglich gepflanzt werden. Mit lateinischen Zitaten über Bäume, die er Plinius, Horaz und Vergil entnommen hat, versucht er, das Interesse der Intellektuellen unter seinen Zeitgenossen zu wecken. Und indem er wie nebenbei prominente Baumliebhaber wie den König oder die »Lady aus Northamptonshire« erwähnt, stellt er das Pflanzen von Bäumen als etwas Schickes dar, das gerade in Mode ist.

Wir bräuchten heute eine ganze Armee von Evelyns, die mit Feuereifer die Erkenntnis verbreiten, dass die totale Begrünung unserer Städte ein wirksames Mittel gegen die Erderwärmung darstellt. Unsere Vorstellung von Stadt muss sich von Grund auf ändern. Das Bild des Großstadtdschungels dürfen wir in unseren Köpfen nicht länger mit einem Ort voller Gefahren verwechseln. Wir müssen lernen, die von Grün überwucherte Stadt als Teil der natürlichen Umgebung zu denken, die durch ihre Bäume dazu beiträgt, unsere städtische Umwelt in eine dauerhafte ökologische Nische zu verwandeln.

03 — Pflanzen des Untergrunds

—Ein Wald ist keine Ansammlung von Bäumen, die jeder für sich allein stehen, sondern eine Gemeinschaft aus kooperierenden Individuen. Sie sind durch komplexe Wurzelgeflechte miteinander verbunden und tauschen untereinander aus, was sie benötigen. Das macht sie zu einem großartigen Beispiel für das Prinzip der *Gegenseitigen Hilfe*.

03__PFLANZEN DES UNTERGRUNDS

Um wirklich zu verstehen, was Patrick Geddes über das Lebewesen *Stadt* sagte, müssen wir uns noch einmal der stärksten evolutionären Kraft, nämlich der Kooperation zuwenden, die in der Natur unter anderem dadurch zum Ausdruck kommt, dass Organismen zusammenwachsen, verschmelzen und sich veredeln. Und wieder sind es die Pflanzen, die uns vormachen, wie es geht. Sie lehren uns, wie die *Gegenseitige Hilfe* auf der Erde funktioniert, und dafür ist die folgende Geschichte nur ein Beispiel von vielen.

Vor einigen Jahren entdeckten die neuseeländischen Forscher Sebastian Leuzinger und Martin Bader in einem Auwald nördlich von Auckland den Stumpf eines Kauri-Baumes (*Agathis australis*) mit ungewöhnlichen Eigenschaften. Für Laien ist ein Baumstumpf nichts weiter als der traurige Überrest eines toten Baumes, der nicht mehr viel zu erzählen hat, sondern dazu bestimmt ist, von Mikroorganismen, Pilzen und Insekten vertilgt zu werden, bis nichts mehr von ihm übrig ist. Im Fall dieses speziellen Stumpfes traf das jedoch nicht ganz zu, denn er war unzweifelhaft noch aktiv. Obwohl er nicht über Blätter oder andere Organe verfügte, die der Photosynthese fähig wären, blieb das Zellgewebe in seinem Inneren lebendig. Es war verblüffend. Wie hatte er unter solchen Bedingungen überleben können? Woher bezog er die benötigte Energie und das Wasser? Ein Baum ohne Blätter kann keine Photosynthese betreiben und damit auch nicht den Zucker produzieren, von dem er sich ernährt. Nicht nur, dass er seiner Energiequelle beraubt ist. Ohne Blätter ist es ihm auch praktisch unmöglich, Wasser aus dem Boden aufzunehmen. Die Verdunstungseffekte an der Blattoberfläche sind nämlich entscheidend dafür, dass Wasser ins Innere des Baumes gepumpt werden kann. Mit anderen Worten, ein Baum ohne Blätter ist eigentlich nicht lebensfähig.

Aber dieser Kauri-Stumpf lebte. Wie war das möglich? Die beiden Forscher stellten die Hypothese auf, er beziehe die notwendigen Nährstoffe über sein Wurzelsystem, das dank eines Phänomens, das wir als Wurzelveredelung kennen, mit den Wurzelsystemen benachbarter Bäume zusammengewachsen war.[1] Die Veredelung ist den meisten Menschen als landwirtschaftliche Praxis bekannt, bei der zwei genetisch unterschiedliche, aber verwandte Individuen miteinander verschmolzen werden. Durch die Vereinigung der beiden Bionten (so der Fachbegriff für die an der Veredelung beteiligten Individuen) lässt sich dann ein neues Individuum schaffen. Normalerweise pfropft man dabei ein Edelreis, also den Trieb einer Edelsorte auf eine sogenannte Unterlage, einen Wurzelstock (den unteren Teil der Pflanze mit den Wurzeln) auf. Aus der Veredelung geht eine vollständige vaskuläre Verbindung zwischen den Bionten hervor, so dass ein gemeinsamer Flüssigkeitskreislauf entsteht.

Die praktischen Möglichkeiten einer Veredelung liegen auf der Hand, weshalb der Mensch sie bereits seit Jahrtausenden nutzt, um Pflanzen zu erschaffen, die die positiven Eigenschaften beider Bionten in sich vereinen. Stellen wir uns als Beispiel zwei Apfelbäume vor. Der eine gedeiht auch bei Wasserknappheit, bringt aber leider keine sonderlich ansehnlichen Früchte hervor, während der andere zwar prächtige Äpfel produziert, dafür aber eine Menge Wasser benötigt. Indem man die beiden Individuen durch eine Veredelung verbindet, kann man theoretisch eine neue, bessere Pflanze erzeugen. Das Ergebnis ist ein Apfelbaum, an dem auch bei Trockenheit saftige Äpfel wachsen. In der

Praxis ist es oftmals komplizierter, aber das Prinzip sollte klar geworden sein. Weniger bekannt ist, dass eine Veredelung auch auf natürliche Weise, also ohne menschliches Zutun erfolgen kann, wenn zwei verwandte Pflanzen durch ständigen Kontakt am Stamm oder an den Zweigen unter bestimmten Bedingungen zu einem Individuum verschmelzen. Vermutlich haben Menschen diesen natürlichen Vorgang aufmerksam beobachtet und sind so auf die Idee gekommen, es selbst zu versuchen.

Doch kehren wir zu unserem Kauri-Stamm zurück. Neben oberirdischen natürlichen Veredelungen gibt es auch Wurzelveredelungen, bei denen die Wurzelsysteme verschiedener Pflanzen miteinander verschmelzen. Doch während die natürliche Veredelung über der Erde ein seltener Vorgang ist, kommt sie unter der Erde sehr häufig vor. In einem Wald gibt es unterschiedliche Formen von Veredelung: zwischen den verschiedenen Teilen desselben Wurzelsystems (Selbstveredelung), den Wurzelsystemen verschiedener Bäume derselben Art (intraspezifische Veredelung) und sogar zwischen den Wurzelsystemen unterschiedlicher Baumarten (interspezifische Veredelung). Obwohl dieses Phänomen schon seit Jahrhunderten bekannt ist, wurde ihm bis vor kurzem kaum Aufmerksamkeit geschenkt. Dabei könnte es unsere Vorstellung von Pflanzengemeinschaften revolutionieren. Also beschlossen Leuzinger und Bader, diesen seltsamen Kauri-Stamm zu erforschen, der eigentlich nicht mehr lebensfähig hätte sein dürfen.

Dass »untote« Baumstümpfe, wie der Filmemacher George A. Romero (1940–2017) sie wohl genannt hätte, und Wurzelveredelungen in den Wäldern unseres Planeten vorkommen, ist – wie gesagt – alles andere als eine Neuentdeckung. Bereits am 12. August 1833 trug der französische Physiker, Botaniker und Physiologe René Joachim Henri Dutrochet (1776–1847), der vor allem dafür bekannt ist, die Osmose entdeckt zu haben, an der Akademie der Wissenschaften eine Denkschrift vor, in der zum ersten Mal lebende Baumstümpfe erwähnt werden.[2] Dutrochet berichtet, sein Bruder, ein Forstinspektor und »einer der gebildetsten Männer der Forstverwaltung«, habe ihn auf die Existenz zahlreicher lebender

Stümpfe der Weißtanne (*Pinus picea*) hingewiesen. Daraufhin habe er sich in die Wälder des Jura begeben, wo er feststellte, »alle Stümpfe und auch die Wurzeln von Weißtannen, die schon vor vielen Jahren gefällt wurden, steckten voller Leben.« Also begann er, die Stümpfe von Weißtannen zu untersuchen, »die wenigstens 45 Jahre zuvor gefällt worden und immer noch voller Leben waren«, und bemerkte, das Kambium, also die bei Pflanzen für das Dickenwachstum verantwortliche Gewebeschicht, sei im Frühjahr immer noch aktiv gewesen.

Den Breitenzuwachs des Stumpfes, seitdem man den Baum gefällt hatte, bezifferte Dutrochet auf »zwei Zentimeter oder etwa acht Linien im Durchmesser.« Das ist eine erstaunliche Feststellung. Wenn auch stark verlangsamt, ging das Wachstum also in aller Stille 45 Jahre lang ohne Baumkrone weiter. Die Ergebnisse seiner Beobachtungen in den Wäldern des Jura verblüfften Dutrochet zutiefst, denn er hatte keine Erklärung dafür. Die von der Baumkrone produzierten Nährstoffe, so der Botaniker, seien für die Existenz der gesamten Pflanze, also auch ihrer Wurzeln unerlässlich. Wie konnten diese Fichtenstümpfe so lange weiterleben? Schließlich zog er daraus den Schluss, die Wurzeln dieser Stümpfe seien offenbar dazu in der Lage, kleinere Mengen des Zuckers, den sie für das Wachstum benötigen, zu produzieren. Diese nicht zutreffende Folgerung bleibt allerdings die einzige Fehlinterpretation in der ansonsten brillanten Studie.

Dass es sowohl bei Angiospermen (Bedecktsamern) als auch bei Koniferen (Nadelhölzern) zu Wurzelveredelungen kommt, ist schon seit über 100 Jahren bekannt. Mitte der 1960er-Jahre stellten Barry Graham und Frederick Bormann[3] eine Liste von über 150 Baumarten zusammen, bei denen sich dieses Phänomen nachweisen ließ.

Wir wissen also schon lange, Bäume erschaffen unterirdische Verbindungen zueinander, durch die sie Baumstümpfe jahrzehntelang am Leben erhalten können. Allerdings galt dieses Phänomen lange Zeit als botanische Kuriosität ohne weiterreichende Bedeutung. Doch die hat es. Denn die untoten Stümpfe und die Erkenntnis, Bäume kommunizierten unterirdisch über weite Strecken miteinander, machen deutlich, dass wir unsere Vorstellung davon, was ein Baum ist, von Grund auf ändern müssen.

Wir haben Bäume stets als isolierte Individuen betrachtet. Vielleicht nicht als Individuen im tierischen Wortsinn von »unteilbar«, aber doch als Einzellebewesen mit Bedürfnissen und Verhaltensweisen, die sich – ähnlich wie bei Tieren – von denen ihrer Artgenossen unterscheiden. Aber ist das wirklich so? In der Tat scheinen uns die Forschungen der vergangenen zwanzig Jahre ein vollkommen anderes Bild zu vermitteln, denn Bäume sind keine voneinander unabhängigen Einzelwesen, sondern bilden riesige zusammenhängende Gemeinschaften, die über ihre Wurzelsysteme Nährstoffe, Wasser und Informationen austauschen können. Es sind Gemeinschaften, zu denen bisweilen sogar Pflanzen unterschiedlicher Arten gehören, die ihre Überlebenschancen erhöhen, indem sie miteinander kooperieren, anstatt zu konkurrieren. Die Folgen dieser revolutionären Erkenntnis sind noch gar nicht abzusehen.

Das beantwortet allerdings noch nicht die Frage, was es mit den untoten Baumstümpfen auf sich hat. Während zahlreiche wissenschaftliche Studien eindeutig belegen, wie vorteilhaft es für Bäume ist, Gemeinschaften zu bilden und sich durch Wurzelveredelung oder Pilznetzwerke unterirdisch miteinander zu verbinden, sind die Vorteile im Fall der Stümpfe nicht so offensichtlich. Was haben die umliegenden Bäume davon, sie am Leben zu erhalten? Und vor allem: Wie können sie ohne Blätter, die für die nötige Antriebskraft sorgen, überhaupt Nährstoffe und Wasser aufnehmen? Genau das fragten sich Leuzinger und Bader, als sie auf den untoten Kauri-Stumpf stießen. Anders als viele Forscher zuvor beschränkten die beiden sich aber nicht darauf, dieses scheinbar paradoxe Phänomen zu beschreiben – sie wollten eine Erklärung dafür. Also markierten sie sorgfältig den genauen Standort des Kauri-Stumpfes und kehrten an die Universität Auckland zurück, um zu entscheiden, wie sich das mit ihren begrenzten Mitteln am besten erreichen ließe. Sie beschlossen, sich auf die Messung der Wasseraufnahmezyklen innerhalb des Stumpfes und der umliegenden Bäume zu konzentrieren. So hofften sie auf ein synchrones Fließverhalten oder irgendetwas anderes, das die Existenz eines tatsächlich funktionierenden gemeinsamen Wasserkreislaufes belegen würde.

Also kehrten sie in den Wald zurück und statteten Stumpf und benachbarte Bäume sorgfältig mit Sensoren aus, die den Wasserfluss in den Pflanzen in Echtzeit aufzeichneten. Den Datenfluss aus dem Wald konnten sie dank des Internets bequem von ihren Laboren in Auckland aus verfolgen.

Nach einigen Wochen hatten sie genügend Tag-Nacht-Zyklen dokumentiert, um die Daten zu analysieren. Und ihre Vermutungen bestätigten sich durchaus, denn die Zyklen zwischen dem nächstgelegenen Kauri-Baum und dem Stumpf standen in einer umgekehrten Wechselbeziehung. Sobald der Durchfluss im intakten Baum zunahm, ging er im Stumpf zurück und umgekehrt. Es bestand also eine Verbindung. Interessant war jedoch, dass sich der Stumpf entgegengesetzt zum intakten Baum verhielt.

Damit Bäume Wasser aus dem Boden aufnehmen und den Stamm bis in die Krone hinauf leiten können, müssen die Blätter durch einen Prozess Wasser verdunsten, den man Transpiration nennt. Dafür zuständig sind die Spaltöffnungen, winzige regulierbare Poren, die sich zu Tausenden auf der Oberfläche jedes Blattes befinden. Wenn sie sich öffnen, kann Wasserdampf aus dem Pflanzeninneren in die Umgebung entweichen. Der dadurch im geschlossenen Gefäßsystem der Pflanze entstehende Unterdruck führt dazu, dass dem Boden Wasser entzogen und von der Pflanze aufgesaugt wird. Da sich die Spaltöffnungen bei Lichteinfall öffnen, nimmt der Baum das Wasser tagsüber auf.

Dieses lehrbuchmäßige Verhalten konnten Leuzinger und Bader beim intakten Baum beobachten. Neu war hingegen, wie der Stumpf Wasser transportiert. An besonders sonnigen Tagen, wenn Pflanzen durch die Transpiration viel Wasser verlieren, ließ sich bei den intakten Bäumen in der Nachbarschaft – wie nicht anders zu erwarten – ein starker Wasserdurchfluss beobachten, während im Stumpf keinerlei Aktivitäten festgestellt werden konnten. Nachts hingegen, wenn die Bäume ihre Transpiration einstellten, erreichte der Wasserdurchfluss im Stumpf sein maximales Niveau. An Tagen mit wenig Licht oder nach starken Regenfällen, wenn die Nachbarbäume kaum oder gar nicht transpirierten, blieb der Wasserdurchfluss im Stumpf auch bei Tageslicht hoch. Kurzum, alles deutete auf eine enge Verbindung zwischen den Wasserkreisläufen des Stumpfes und der Nachbarbäume hin. Doch wie gelangte das Wasser in den Stumpf. Dazu gibt es zwar keine Daten, aber die plausibelste Erklärung scheinen osmotische Kräfte zu sein. Wenn das richtig ist, wären wir wieder bei Dutrochet angelangt, der als Erster noch lebende Stümpfe beschrieb und zudem als Entdecker der Osmose gilt. So schließt sich der wissenschaftliche Kreis.

Nachdem das *Wie* nun geklärt ist, bleibt noch die Frage nach dem *Warum*. Unverständlich erscheint uns, dass sich gesunde Bäume jahrzehntelang mit dem Erhalt eigentlich toter Artgenossen belasten, wo doch der Konkurrenzkampf die Evolution vorantreibt. Diese Vorstellung hat sich tief in unser kollektives Bewusstsein eingegraben. Seit der revolutionären Arbeit von Charles Darwin (1809–1882) beherrscht die Idee des Wettbewerbs und des *Survival of the Fittest* unsere Sichtweise, wie Lebensgemeinschaften funktionieren. Und das ist umso verwunderlicher, da es praktisch von Anfang an bedeutende Stimmen gab, die sich gegen den Konkurrenzkampf als dominierende evolutionäre Kraft aussprachen, erkannten sie doch, dass die Beziehungen zwischen lebenden Organismen auch noch von anderen Faktoren reguliert werden. An erster Stelle ist in diesem Zusammenhang natürlich der bereits erwähnte Fürst Pjotr A. Kropotkin zu nennen, der die Notwendigkeit zu kooperieren oder zu »gegenseitiger Hilfe«, wie er es nannte, als eigentlichen Grundpfeiler der Evolutionsgeschichte identifizierte.

Obwohl sich die Beweise dafür mehren, dass die Zusammenarbeit eine grundlegende evolutionäre Kraft darstellt, wird ihre Bedeutung im Vergleich zu ihrem kompetitiven Gegenpart weiterhin marginalisiert. Warum ist das so? Hauptursache für das mangelnde Interesse, die Kooperation zu erforschen, ist meines Erachtens der Umstand, dass die meisten – genauer gesagt fast alle – Belege für diese Theorie aus der Pflanzenwelt stammen, die innerhalb der Evolutionsforschung immer schon eine untergeordnete Rolle spielte. Tatsächlich ist die anthropozentrische oder – um es etwas weiter zu fassen – die animalozentrische Ausrichtung der Wissenschaft ein ernstes Problem. Dass wir die Welt als einen Ort betrachten, an dem Konflikte und Entbehrungen die vorherrschenden evolutionären Kräfte sein sollen, ist ein typisches Beispiel dafür, wie sehr wir für tierische Lebensbereiche voreingenommen sind. Obwohl sie nur für tierähnliche Beziehungen formuliert wurden, neigen wir dazu, mathematische Modelle wie das Konzept der interspezifischen Konkurrenz – 1926 von Vito Volterra (1860–1940) und Alfred Lotka (1880–1949) entwickelt und später als Räuber-Beute-Beziehung bekannt geworden – für allgemeingültig zu halten.

Als Umberto D'Ancona (1896–1964), einer der bedeutendsten italienischen Zoologen des 20. Jahrhunderts, kurz nach dem Ende des Ersten Weltkriegs die Fischpopulationen in der Adria untersuchte, fiel ihm auf, dass die Anteile der gefangenen Arten offenbar periodisch auftretenden Schwankungen unterliegen. Um dieses Phänomen besser zu verstehen, wandte er sich an den Mathematiker Vito Volterra, der später sein Schwiegervater werden sollte. Mit Hilfe der mathematischen Gleichungen, die Volterra daraufhin entwickelte, ließen sich die Populationsschwankungen erklären. Nicht dass wir uns missverstehen, das Räuber-Beute-Schema ist ein überzeugendes Modell und seine Gültigkeit unbestritten. Dennoch bleibt die Tatsache bestehen, dass dieses Modell, das einen so tiefgreifenden Einfluss darauf hatte, wie wir Populationsdynamiken und interspezifische Beziehungen verstehen, für tierische Zusammenhänge konzipiert wurde. Aber was hat das Räuber-Beute-Schema mit der Pflanzenwelt zu tun? Und das ist nicht der einzige Fall. Es gibt noch viele andere, der Öffentlichkeit weniger bekannte Modelle, die durch die Vermittlung von Fachleuten unsere Vorstellung davon prägen, wie Lebensgemeinschaften funktionieren. Auch sie beanspruchen für sich Allgemeingültigkeit, obwohl sie sich fast ausschließlich auf die Tierwelt anwenden lassen.

Die ganze Absurdität dieser Sichtweise mag folgender Umstand verdeutlichen: Entdeckungen in der Pflanzenwelt wird erst dann Beachtung geschenkt, wenn sie eine Entsprechung in der Tierwelt haben, während Regeln, die offensichtlich nur für die Tierwelt gelten, *ipso facto* als universell betrachtet werden. Das muss man sich mal bewusst machen: Erkenntnisse, die für 85 Prozent der Lebewesen gelten, werden nur dann als allgemeingültig erachtet, wenn sie auch auf den elitären Club der Tiere zutreffen, der nur 0,3 Prozent des planetaren Lebens ausmacht! Verkehrte Welt, finden Sie nicht? Erkennt denn niemand, wie gefährlich es ist, etwas zum Maßstab für das Leben insgesamt zu machen, das einen so lächerlich geringen Prozentsatz der Lebewesen repräsentiert? Tatsächlich scheint es kaum jemanden zu interessieren, dass dabei 85 Prozent des Lebens einfach unberücksichtigt bleiben. Ich weiß nicht, wie es Ihnen geht, aber für mich sind das unhaltbare Zustände. Das ist ungefähr so, als würde ein Gesetzentwurf, den 85 Prozent der Abgeordneten einbringen, nur dann vom Parlament ratifiziert, wenn eine elitäre Gruppe von 0,3 Prozent der Abgeordneten ihn befürwortet.

Aber Prozentzahlen sind so unpersönlich. Werden wir also etwas konkreter und stellen uns ein Parlament mit 500 Abgeordneten vor, was etwa der durchschnittlichen Größe einer europäischen Volksvertretung entsprechen dürfte. In diesem Lebensparlament gingen 425 Sitze an die Pflanzen und ganze anderthalb Sitze an die Tiere, einschließlich der Menschen, während die übrigen von Pilzen und Mikroorganismen eingenommen würden. Wir hätten also anderthalb Abgeordnete, die für alle anderen entscheiden – selbst wenn wir aufrunden und zwei daraus machen, wird es nicht besser. Würde so etwas in unseren Parlamenten geschehen, wäre es eine Diktatur. Mit anderen Worten, wir verstehen noch immer nicht, was das Leben wirklich ist und wie es funktioniert, ein Umstand, der in meinen Augen eines der am schwersten zu lösenden Probleme unserer Zeit darstellt. Um es deutlich zu sagen: Wenn wir nicht endlich begreifen, wo unser Platz unter den Lebewesen ist, wird unsere Spezies nicht überleben. Ökologische Modelle, die auf tierischem Konkurrenzkampf basieren, sind zu so etwas wie einer Blaupause geworden, von der wir irrigerweise annehmen, sie beschreibe das Leben insgesamt. Dagegen ignorieren wir weitgehend Modelle, mit denen sich die Zusammenarbeit erklären lässt, weil die Belege dafür überwiegend aus der Pflanzenwelt stammen. Dabei sind sie so eindeutig und offensichtlich, dass man sie eigentlich nicht übersehen kann.

Damit sind wir wieder bei unserer Ausgangsfrage angelangt, warum gesunde Bäume einen benachbarten untoten Stumpf jahrzehntelang mitversorgen. Auf den ersten Blick scheint es sich um einen Fall von Ressourcenverschwendung zu handeln, obwohl alle lebenden Organismen – mit Ausnahme des Menschen – jede Verschwendung scheuen. Folglich muss dieses Verhalten einem Zweck dienen, der auch den gesunden Bäumen zum Vorteil gereicht.

Sehen wir uns zunächst einmal an, welche Vorteile die Gemeinschaftsbildung durch Wurzelveredelung für Bäume generell hat. Anschließend prüfen wir, ob sie auch dann noch gelten, wenn ein Stumpf in die Gemeinschaft inkorporiert ist. Leider gibt es zwar Hunderte von wissenschaftlichen Veröffentlichungen, die das Phänomen beschreiben, aber nur wenige befassen sich mit der Frage, worin der evolutionäre Vorteil für die Pflanzen besteht.

Warum also tun Bäume sich zusammen? Eine ähnliche Frage stellte sich Charles Darwin, als es darum ging, ob er heiraten sollte oder nicht.[4] Auf den ersten Blick scheint eine Ehe keine nennenswerten Vorteile zu bringen, und doch entscheiden sich fast alle irgendwann für diese Art der stabilen Verbindung. So auch Darwin. Die unterirdischen Verbindungen, die Pflanzen miteinander eingehen, kommen diesem Dilemma sehr nahe, doch sobald wir etwas genauer hinsehen, liegen die Vorzüge auf der Hand. Denn ein gesunder Nachbar, mit dem man mittels Wurzelveredelung zusammenarbeitet, anstatt mit ihm zu konkurrieren, kann sich – wie in einer Ehe – als geeigneter Fortpflanzungspartner erweisen.

Hinzu kommt, dass ein gesunder Nachbar nicht so leicht zur Ansteckungsquelle wird. Denn für ortsgebundene Lebewesen wie Bäume ist es von großer Wichtigkeit, keine kranken Individuen um sich zu haben, die zur Gefahr für die eigene Gesundheit werden könnten. Gleichzeitig kann ein Baum nützliche Pilze und Mikroorganismen von seinen

Nachbarn erwerben. Und damit es durch die Wurzelveredelung nicht zur Übertragung von Krankheiten kommt, haben Bäume die Fähigkeit erworben, zwischen gesunden und ungesunden Nachbarn zu unterscheiden.[5] Da Bäume in ihren Wurzeln Toxine produzieren, mit denen sie sich verteidigen, können sie auf diesem Weg außerdem ihr chemisches Arsenal gegen Krankheitserreger und Insektenbefall erweitern. Und schließlich sorgt die Gemeinschaftsbildung für eine größere Standfestigkeit der Bäume.

In seiner Arbeit über den häufig in sumpfigen Umgebungen wachsenden Schwarzen Tupleobaum (*Nyssa sylvatica*) bemerkte Jon E. Keeley[6] 1988, es komme bei dieser Art sehr viel häufiger zu Wurzelveredelungen als bei Baumpopulationen in anderen Lebensräumen. Da es für Bäume naturgemäß ein Problem darstellt, in Feuchtgebieten zu wurzeln, stützen sie sich hier, indem sie ihre Wurzelsysteme miteinander verflechten. Gleiches geschieht in windigen Umgebungen, wo Bäume ihre Standfestigkeit ebenfalls durch Wurzelveredelungen erhöhen. Dazu passt auch die Beobachtung, dass größere Bäume tendenziell mehr Wurzelveredelungen bilden, denn die Stabilitätsprobleme eines Baumes nehmen mit seiner Größe zu. Es verwundert also nicht, dass Bäume mit verbundenen Wurzelsystemen besser gegen extreme Wetterereignisse gewappnet sind.[7]

Ich denke, es ist klar geworden, welche Vorteile das Zusammenwachsen von Wurzelsystemen mit sich bringt. Aber was passiert nun, wenn einer der Nachbarbäume nur noch ein Stumpf ist? Tatsächlich ist die Verbindung mit einem Stumpf für intakte Bäume in mancher Hinsicht sogar vorteilhafter. Stellen wir uns zwei gesunde, durch Wurzelveredelung miteinander verbundene Bäume vor, von denen einer gefällt wird. Dadurch hat der verbliebene Baum plötzlich ein doppelt so großes Wurzelsystem zur Verfügung – mit allen Vorteilen, die damit verknüpft sind. Vor allem die erhöhte Standfestigkeit ist in der heutigen Zeit nicht zu unterschätzen. Denn mit der Erderwärmung nimmt die Zahl extremer Wetterphänomene und damit auch die Zahl umstürzender Bäume in besorgniserregender Weise zu.

04 — Pflanzen der Musik

—Fichten sind die Bäume der Musik. Antonio Stradivari erschuf 14 Geigen aus einer einzigen Rotfichte.

04__PFLANZEN DER MUSIK

In Europa ist Wind die größte Widrigkeit, mit der Bäume zu kämpfen haben. Über 50 Prozent der Waldschäden sind auf Windeinwirkung zurückzuführen. Weder Brände, die nur für 16 Prozent der Schäden verantwortlich sind, noch Krankheitserreger oder Insekten, die sich ebenfalls bedrohlich auswirken, sondern Stürme machen unseren Wäldern am meisten zu schaffen. Seit 1950 haben die Windschäden in Europa stetig zugenommen. Von 1970 bis 2010 verdoppelten sich die Baumverluste von rund 50 Millionen auf 100 Millionen Festmeter.[1] Das entspricht einer riesigen Menge umgestürzter Bäume, was ganze Landschaften und Ökosysteme radikal verändert hat. Gar nicht zu reden davon, wie gefährlich das für die Stabilität des Bodens ist und wie stark die Kapazität, Kohlendioxid aufzunehmen, in den betroffenen Gebieten zurückgegangen ist, nämlich um 30 Prozent.[2] Das Kohlendioxid in der Atmosphäre ist bekanntlich maßgebend für die globale Erwärmung, die wiederum einer der Gründe dafür ist, dass extreme Wetterereignisse zunehmen.

Zwischen dem 28. und 30. Oktober 2018 fegte ein Wind- und Regensturm mit bis zu 200 Stundenkilometern über die Ostalpen hinweg. Zahllose Bäume wurden entwurzelt und mehrere zehntausend Hektar Wald vernichtet. Diese Naturkatastrophe hatte unerwartete Folgen, die weit über die unmittelbaren Waldschäden hinausgingen. Besonders tragisch war aus meiner Sicht die massive Schädigung des Rotfichtenwaldes, dessen Holz seit Jahrhunderten verwendet wird, um die Resonanzböden für Musikinstrumente herzustellen. Hier können wir Ursachen und Auswirkungen einmal ganz konkret fassen: Das Kohlendioxid in der Atmosphäre verursacht steigende Temperaturen, die für immer heftigere atmosphärische Turbulenzen sorgen. Und so vernichtete 2018 ein dadurch ausgelöster Sturm die Bäume, aus denen die besten Geigen der Welt gemacht werden.

Für mich sind Musikinstrumente so ziemlich das Wunderbarste, was Menschen aus Holz erschaffen können. Antonio Stradivari (1644–1737), dem größten Geigenbauer aller Zeiten, ist es gelungen, Instrumente aus diesem Material zu fertigen, denen geradezu himmlische Klänge entlockt werden können.

Die Cremoneser Geigenbauschule ist bis heute unübertroffen und steht für Innovation und Qualität. Neben Stradivari brachte sie so illustre Meister wie Niccolò Amati (1596–1684), der als bester Geigenbauer des 17. Jahrhunderts gilt, oder Giuseppe Guarneri del Gesù (1698–1744) hervor, denen ihre Instrumente auch einen Hauch von Unsterblichkeit verleihen.

Bis heute ist es nicht möglich, den außergewöhnlichen Klang der Instrumente nachzubilden, die diese Meister geschaffen haben. Obwohl die Bautechniken, Hölzer und Lacke in den besten Labors der Welt bis ins letzte Detail untersucht wurden, ließ sich das Geheimnis dieser Klangkünstler bislang nicht ergründen. Und so macht es nach wie vor einen Riesenunterschied, ob man einen guten Geiger ein modernes, mit größter Sorgfalt gebautes Instrument oder eine Stradivari spielen hört: Der Klang ist kraftvoller, die Noten sind deutlicher herauszuhören und der Bogen entlockt dem Instrument Höhen und Tiefen von unglaublicher Klarheit. Wer einmal eine Stradivari gespielt hat, wird bei anderen Instrumenten nie wieder dasselbe Gefühl haben.

Manchmal hört oder liest man von »blinden« Tests, bei denen erfahrene Musiker den Klang einer anderen Geige bevorzugt oder die Stradivari gar nicht erkannt hätten. Aber das stimmt nicht. In diesen

Fällen waren die testenden Musiker entweder unaufmerksam oder die getesteten Stradivaris waren baulich so modifiziert, dass sie nur noch sehr wenig mit den ursprünglichen Instrumenten zu tun hatten. Denn es gibt zahlreiche Stradivaris, die durch Beschädigungen oder einfach aus Unwissenheit grundlegend verändert wurden. In diesen Fällen erinnern die Aufschrift *Antonius Stradivarius Cremonensis Faciebat* und die Jahresangabe traurigerweise an ein Instrument, das es längst nicht mehr gibt.

Die noch existierenden Stradivaris der goldenen Ära zwischen 1700 und 1725 sind unerreichbar. Sie sind so berühmt und geschichtsträchtig, weshalb sie auch eigene Namen tragen. Zu den am besten erhaltenen Geigen gehören die *Messiah* und die *Lady Blunt*, benannt nach einer ihrer Besitzerinnen (einer Enkelin von Lord Byron). Berühmt ist auch das *Duport*-Violoncello, dem der Cellist Jean-Pierre Duport (1741–1818) seinen Namen gab. Es weist eine Delle im Gehäuse auf, die der Legende nach von Napoleons Stiefel stammen und bei seinem unbeholfenen Versuch entstanden sein soll, das Instrument zu spielen. Und dann gibt es da noch so berühmte Instrumente wie die *Cremonese*, die *Vesuvius*, die *Maréchal Berthier* oder die *Macdonald*-Bratsche, die nicht nur durch ihre außergewöhnliche Qualität, sondern auch durch die historischen Wechselfälle bestechen, die sie bis heute durchleben mussten. Denn viele Stradivaris sind fester Bestandteil der westlichen Zivilisationsgeschichte.

Einzig Giuseppe Guarneri del Gesù (1698–1744), der Erbauer von *Il Cannone*, der Lieblingsgeige Niccolò Paganinis (1782–1840), scheint in der Lage gewesen zu sein, Instrumente von ähnlicher Qualität herzustellen. Doch was macht ihre Magie aus und wovon hängt sie ab? Diese Frage beschäftigt Musiker, Geigenbauer, Wissenschaftler, Holz- und andere Materialexperten seit Generationen. Viele sind überzeugt, das Geheimnis in irgendeinem Detail entdeckt zu haben, in den verwendeten Lacken und Leimen oder darin, wie man früher die verbauten Hölzer ablagerte und behandelte. In Wahrheit ist es jedoch bislang noch niemandem gelungen, diese Instrumente zu verstehen.

Nur die Rotfichte kennt das Geheimnis. Nicht dass sie das einzige Holz wäre, das beim Geigenbau Verwendung findet. Im Gegenteil. Böden und Zargen sind oft aus Bergahorn, das Griffbrett aus Ebenholz, und andere Teile werden aus Palisander oder Buchsbaum gefertigt. Aber Fichte bildet das Herzstück des Korpus, denn die Decke einer Stradivari, die als Resonanzboden dient, muss aus Fichtenholz bestehen. Die Qualität des Instruments hängt maßgeblich von der Qualität dieses Bauteils und seines Holzes ab. Und für das sogenannte Klangholz geeignete Rotfichten wachsen nicht überall, sondern nur in wenigen ausgewählten Wäldern. Stradivari etwa verwendete für das Klangholz seiner Instrumente ausschließlich das Holz von Rotfichten aus dem Paneveggio-Wald im Trentino.

Aber was macht die Rotfichte (*Picea abies*) zum perfekten Baum für Klanghölzer? Erstens die perfekte Klangleitung, die nach Auskunft von Geigenbauern auf die winzigen Harzkanäle[3] zurückzuführen ist, die sich über die gesamte Länge des Stammes erstrecken. Ist das Holz richtig abgelagert, bleiben sie hohl, so dass die Luft in ihnen wie in mikroskopisch kleinen Orgelpfeifen schwingen kann. Aber auch die Kristallisation des Harzes an den Kanalwänden, zu der es nur durch einen ausreichend langen Ablagerungsprozess kommt, ist mitentscheidend dafür, wie gut der Schalltransport ist.

Um gutes Klangholz herzugeben, müssen die Stämme einen Durchmesser von mindestens 60 Zentimetern haben, den sie üblicherweise im Alter von 150–200 Jahren erreichen. Aber das ist längst nicht genug. Damit sich der Schall optimal ausbreiten kann und die nur wenige Millimeter dicken Geigendecken den enormen mechanischen Belastungen gewachsen sind, die beim Spiel auf sie einwirken, muss das Holz außerdem die richtige Dichte aufweisen. Und die haben nur Bäume, die langsam und gleichmäßig in großer Höhe, und zwar vorzugsweise an Nordhängen mit nährstoffarmen Böden gewachsen sind. Der Stamm darf keine Verdrehungen, Astlöcher oder andere Störungen haben und muss während der Vegetationsruhe geschlagen worden sein, wenn der Zucker bereits in Stärke umgewandelt wurde und das Holz widerstandsfähiger ist. Außerdem darf der Stamm nicht in Bohlen zersägt werden, sondern muss so geschnitten sein, dass die Oberfläche des Holzes möglichst senkrecht zu den Baumringen verläuft. Deshalb gibt es nur sehr wenige Bäume, aus denen sich Geigendecken von hoher Qualität fertigen lassen.

Geeignete Rotfichten müssen zudem unter klimatischen Bedingungen gewachsen sein, die über die Jahre konstant geblieben sind und das Wachstum nicht zu sehr begünstigt haben. Denn je regelmäßiger und enger die Jahresringe beisammenstehen, desto gleichmäßiger ist die Qualität des Holzes. Für den Erfolg des Geigenbaus im 18. Jahrhundert scheint deshalb maßgeblich gewesen zu sein, dass die Fichten während der sogenannten Kleinen Eiszeit,[4] einer Kälteperiode, die Europa vom 15. bis ins 19. Jahrhundert heimsuchte, besonders langsam gewachsen sind. Die niedrigsten Temperaturen dieser Epoche fallen mit dem sogenannten Maunder-Minimum zwischen 1645 und 1715 zusammen, einer nach dem englischen Astronomen Edward Maunder (1851–1928) benannten Periode, in der die Sonnenaktivität stark verringert war. Tatsächlich stehen die Jahresringe von Bäumen, die in dieser Zeit gewachsen sind, besonders eng zusammen. Auf diese Weise könnte die Kleine Eiszeit also zur hohen Qualität der Stradivaris beigetragen haben. Wenn das richtig ist, dürfte es in Zukunft immer schwieriger werden, Holz mit vergleichbaren Eigenschaften zu finden. Denn die Erderwärmung verursacht nicht nur Stürme, die die Wälder niedermähen, aus denen das Klangholz gewonnen wird, sie verändert auch die Wachstumseigenschaften der Bäume.

Vor ein paar Jahren hatte ich das Glück, einige dieser außergewöhnlichen Musikinstrumente im Geigenmuseum von Cremona etwas genauer unter die Lupe nehmen zu dürfen. Ich suchte diesen Tempel des Geigenbaus zusammen mit meinem Freund und Kollegen Marco Fioravanti, einem Experten für Kunstwerke aus Holz (Gemälde, Skulpturen, Möbel und Musikinstrumente), und meinen beiden Mitarbeitern Elisa Azzarello und Cosimo Taiti auf, um die flüchtigen Substanzen zu untersuchen, die das Holz dieser Instrumente abgibt. Und dort bot sich uns die einmalige Gelegenheit, mit Geigen, Bratschen und Celli zu arbeiten, die Meister wie Amati, Antonio Stradivari und Guarneri del Gesù geschaffen haben.

Im Labor hatten wir Hypothesen darüber aufgestellt, was mit dem Holz so besonderer Artefakte während des Alterungsprozesses geschieht, doch nun galt es, sie an einigen alten Musikinstrumenten zu überprüfen. Und so baten wir das Geigenmuseum, uns Zugang zu seinen Schätzen zu gewähren. Dank Marco, der schon lange mit dem Museum zusammenarbeitet, stellte man uns dafür eine ganze Reihe von Instrumenten aus der Sammlung zur Verfügung. Die Analyse fand am Ruhetag des Museums statt, und so hatten wir diese Wunderwerke des Instrumentenbaus einen Tag lang ganz für uns allein.

Wie man sich leicht denken kann, erfordert die Arbeit mit solchen Objekten tausenderlei Vorsichtsmaßnahmen, zudem unterliegt sie zahlreichen Einschränkungen. Dazu gehört natürlich, dass auf keinen Fall irgendwelche Materialproben entnommen werden dürfen, und seien sie auch noch so klein. Die Instrumente sind unantastbar. So durften wir nur bestimmte Untersuchungen vornehmen und keinesfalls die Materialien beschädigen, aus denen sie bestehen. Deshalb beschränkte sich unsere Analyse darauf, die flüchtigen Substanzen zu messen, die das Holz emittierte. Wochenlang bereiteten wir uns akribisch auf die Experimente vor, dann brachten wir alles, was wir für ihre Durchführung brauchten, nach Cremona und richteten uns im Museum ein Labor ein. Der Plan war, unsere Sonden durch die sogenannten *F-Löcher* in den Korpus einzuführen. Da es sich um die einzigen Öffnungen in den Instrumenten handelt, mussten wir sie nur verschließen, um herauszufinden, wie viele Moleküle das Holz der Geigen in einem festgelegten Zeitraum abgibt.

Wir kamen zwei Tage, bevor wir mit den Analysen begannen, nach Cremona und bauten die Laborgeräte für unsere illustren Forschungsobjekte auf. Anschließend war noch Zeit für einen ausführlichen Rundgang durchs Museum. Ich erinnere mich gut an die Führung des Direktors. Er zeigte uns die herrlichen Musikinstrumente aus den verschiedenen Epochen, manche reich verziert, andere schmucklos, aber alle von einer formalen Perfektion, die jedem Betrachter vor Augen führt, wie bedeutend die Cremoneser Geigenbauschule ist. Von den Ursprüngen des Geigenbaus gelangten wir über eine klassische Geigenbauerwerkstatt, die Geschichte der Cremoneser Schule und die Schöpfungen Stradivaris schließlich in die berühmte Sala 5, das Herzstück des Museums. Der Raum wird zu Recht »die Schatzkammer« genannt, denn es ist, als würde man das Allerheiligste des Cremoneser Geigenbaus betreten. Jede einzeln in einer Vitrine ausgestellt, erwarten den Besucher hier neun Preziosen der Instrumentenbaukunst. Der Direktor präsentierte sie uns mit einer Vertrautheit und Zuneigung, wie ein Vater sie seinen Kindern entgegenbringt: »In diesem Raum finden wir einige Meisterwerke der Familie Amati«, sagte er. »Eines von jedem ihrer berühmtesten Mitglieder. Hier vor uns sehen Sie die *Karl IX.*, erschaffen um 1566 von Andrea Amati, dem Gründer der Familie. Daneben die *Stauffer* aus dem Jahr 1615, ein Werk seines Sohnes Girolamo Amati, und schließlich die prächtige *Hammerle*, 1658 von Girolamos Sohn Niccolò gebaut. Hier die drei Stradivari-Geigen des Museums: die *Clisbee* von 1669, die berühmte *Cremonese* von 1715 und die *Vesuvius* von 1727. Weiter hinten ist eines seiner Celli, *das Stauffer – ex Cristiani*, von 1700 zu sehen. Und abschließend die Guarneri-Geigen: die *Quarestani* von Giuseppe Giovanni Battista Guarneri aus dem Jahr 1689 und die *Stauffer*, erschaffen 1734 von seinem Sohn Bartolomeo Giuseppe Guarneri del Gesù.«

Im Morgengrauen des nächsten Tages standen wir in unseren weißen Kitteln bereit und warteten ungeduldig darauf, diese Meisterwerke endlich untersuchen zu dürfen. Als Erstes wurde uns Andrea Amatis Geige *Karl IX.* ausgehändigt. Ich empfand große Ehrfurcht, als würde ich etwas Heiliges berühren. Diese Geige stammt aus dem Jahr 1566! 450 Jahre lang ist auf ihr gespielt worden, und der Künstler hat sie für Frankreichs König Karl IX. von Valois geschaffen. Ich meine *Karl IX.*! Man denkt sofort an seine Mutter Katharina von Medici, die Bartholomäusnacht, die Verschwörung von Amboise, Franz von Guise oder den Fürsten von Condé. Um mir zu vergegenwärtigen, wie der unglückliche König aussah, betrachtete ich die Porträts von François Clouet: Karl IX. 1561 im Alter von elf Jahren, als er König von Frankreich wurde. Und dann 1572, zwei Jahre bevor er mit nur 24 Jahren an Tuberkulose starb. Beide Porträts, das des Kindes ebenso wie das des Mannes, zeichnen sich durch dieselbe ernste und melancholische Stimmung aus. Es heißt, Karl IX. habe eine große Leidenschaft für die Musik gehabt. Vielleicht wollte Katharina ihn zum Lächeln bringen, als sie 1565 beschloss, 38 Musikinstrumente zu erwerben (12 kleine Geigen, 12 große Geigen, 6 Tenorinstrumente und 8 Bassinstrumente). Da sie für einen König gedacht waren, konnte Katharina sich nur an den besten Instrumentenbauer von allen wenden, und das war zu jener Zeit Andrea Amati.

Leider haben die meisten dieser Instrumente die Wirren der Französischen Revolution nicht überstanden. Die Geige, die ich in meinen Händen hielt, gehört zu den wenigen »Überlebenden« dieser königlichen Bestellung. Es ist ein prachtvolles Instrument: Auf den Zargen ist in Blattgold der Wahlspruchs Karls IX. »Pietate et Iustitia« (Mit Frömmigkeit und Gerechtigkeit) angebracht, während auf der Rückseite das Wappen des Königs von Frankreich zwischen Darstellungen der Pietas und der Iustitia zu sehen sind. Dennoch sind es nicht die reichen Verzierungen, die einem sofort ins Auge springen, sondern die Anmut und die Eleganz der Formen und Proportionen des Instruments, das auch nach fast einem halben Jahrtausend noch himmlische Klänge hervorbringt. Wie gerne hätte ich nur einmal auf dieser Geige gespielt … Unser Vorhaben war jedoch sehr viel prosaischer. Unter den wachsamen Augen des Kurators machten wir uns daran, die flüchtigen Verbindungen zu messen, die der Korpus verströmte. Auf der roten Samtunterlage zog an diesem Tag die Geschichte der Saiteninstrumente an uns vorbei. Nach der *Karl IX.* analysierten wir den übrigen Inhalt der »Schatzkammer«, die *Clisbee*, die *Cremonese*, die *Vesuvius*, das *Stauffer – ex Cristiani*, die *Quarestani* und viele andere wunderbare Instrumente. Jedes hatte seine eigenen Geschichten zu erzählen, über wohlhabende Besitzer und legendäre Musiker, Beschädigungen, Kriege, Diebstähle, wundersames Wiederauftauchen und Verwicklungen in kleine Abenteuer, oder eben auch die große Geschichte. Einen ganzen Tag lang waren wir mit diesen klanglichen Kostbarkeiten befasst und wurden so selbst zu einem Teil ihrer wechselvollen Geschichte. Ganz unabhängig von den wissenschaftlichen Ergebnissen, die wir erzielten, hätten wir nichts Besseres von diesem Tag erhoffen können.

Wer jetzt sensationelle Enthüllungen über das Klangmysterium dieser Wunderwerke erwartet, wird vielleicht ein wenig enttäuscht sein. Denn das einzige Geheimnis dieser musikalischen Preziosen ist im Grunde die Qualität des Rohmaterials, aus dem sie bestehen, also des Holzes. Neben seinem handwerklichen Geschick besteht die größte Kunst des Geigenbauers wohl darin, den richtigen Baum auszuwählen. Diese Entscheidung ist unglaublich schwierig, sie erfordert viel Erfahrung und ein geschultes Auge, das kleinste Unregelmäßigkeiten erkennt. Hinzu kommen die Intuition eines handwerklichen Genies und sicher auch eine gute Portion Glück. Wenn also ein Baum gefunden wurde, der alle gesuchten Eigenschaften besaß, konnte es vorkommen, dass unterschiedliche Geigenbauer sein Holz im Laufe der Jahre verwendeten. So wissen wir von einer Rotfichte, aus der wenigstens drei Geigen gefertigt wurden, nämlich von Giuseppe Guarneri del Gesù in Cremona (1744), von Sanctus Seraphin in Venedig (1746) und von José Contreras in Madrid (1767).

Das sollte nicht überraschen, denn natürlich gibt ein guter Baum mehr als nur eine Geige her. So hat eine Untersuchung von 13 Geigen und Bratschen aus der Hand Andrea Amatis ergeben, fünf davon entstammen demselben Baum. Aber den Rekord hält auch in dieser Hinsicht wieder einmal der Größte von allen. Zwischen 1695 und 1705 baute Antonio Stradivari mindestens 14 Geigen und Bratschen aus dem Holz ein und derselben Fichte.[5] Viele Instrumente sind also so etwas wie hölzerne Geschwister. Wenn auch ihre Väter nicht immer dieselben sind, meistens sind sie es doch. Denn hatte ein Geigenbaumeister einmal einen perfekten Baum gefunden, dann hütete er ihn wie seinen Augapfel und war eifersüchtig darauf bedacht, ihn nicht mit anderen zu teilen.

Wie qualitätvoll die Instrumente sind, hängt also vom Fichtenholz ab, das es aufgrund seiner homogenen, kompakten Struktur und seiner regelmäßigen Jahresringe über Jahrhunderte hinweg ermöglichte, klangliche Meisterwerke zu schaffen. Dieselben Wachstumsringe erlauben uns übrigens auch, das Klima vergangener Zeiten zu studieren, archäologische Überreste zu datieren und Sonnenzyklen zu analysieren.

05 — Pflanzen der Zeit

__*Adansonia digitata*. Der Afrikanische Affenbrotbaum ist die am weitesten verbreitete *Adansonia*-Art. Seine Langlebigkeit ist legendär.

05__PFLANZEN DER ZEIT

Von den unzähligen Pflanzengeschichten, die uns wie Edward Elgars (1857–1934) Musik umschwirren, durchzieht eine die Wissenschaftsgeschichte wie ein roter, um nicht zu sagen grüner Faden, denn ohne die Jahresringe von Bäumen wüssten wir sehr viel weniger über Sonnenflecken oder die Datierung früher menschlicher Zivilisationen. Zu den Protagonisten dieser Geschichte, die zwar mit einer falschen Theorie beginnt, aber in einen der größten Triumphe der modernen Wissenschaft mündet, gehören Botaniker, Nobelpreisträger, Astronomen, Archäologen, Visionäre und Abenteurer. Doch der Reihe nach.

Die meisten werden wissen, dass Bäume jedes Jahr während ihres sogenannten sekundären Wachstums einen neuen Ring bilden, wodurch sich der Umfang des Stammes vergrößert. Weniger bekannt ist vielleicht die Tatsache, dass die Breite der Ringe Rückschlüsse auf das Klima zulässt, das während des Wachstums herrschte. Der Erste, dem das auffiel, war Leonardo da Vinci (1452–1519): »Die Kreise in den Stämmen abgesägter Bäume zeigen die Anzahl ihrer Lebensjahre an und welche davon feuchter oder trockener waren, je nach dem wie breit oder schmal sie sind«, schrieb er in eines seiner Notizbücher.[1]

Wie viele von Leonardos Entdeckungen war auch diese Erkenntnis ihrer Zeit so weit voraus, dass sie jahrhundertelang keinerlei Beachtung fand. Erst Anfang des 20. Jahrhunderts wurden die Jahresringe wieder dem Vergessen entrissen. Und dafür verantwortlich war nicht etwa ein Botaniker, sondern der 1867 in Windsor, Vermont, geborene Astronom Andrew Ellicott Douglass († 1962). Seltsam, nicht wahr? Warum sollte sich ausgerechnet ein Sternenforscher für die Wachstumsringe von Bäumen interessieren? Aber das ist ja gerade das Großartige an der Forschung. Manchmal findet man die Lösung für sein Problem an völlig unerwarteter Stelle. Deshalb ist die wichtigste Eigenschaft, die ein Wissenschaftler mitbringen sollte, eine unstillbare Neugier, die sich nicht auf das eigene Fachgebiet beschränkt.

Das Problem, mit dem Douglass sich befasste, betraf die Sonnenaktivität, also das zyklische Auftreten von Sonnenflecken, deren Anzahl und Intensität einer Periodizität von durchschnittlich elf Jahren unterliegen. Obwohl Galilei (1564–1641/42) mit seinem Teleskop bereits ab 1610 erste Langzeitbeobachtungen der Sonnenfleckenaktivität durchführte, konnten Rudolf Wolf (1816–1893) und die Sternwarte Zürich erst 1849 die Zyklizität des Phänomens bestätigen. Jedoch haben Daten, die über wenige Jahrhunderte gesammelt wurden, natürlich nur begrenzte Aussagekraft, wenn es um die Aktivitäten eines viereinhalb Milliarden Jahre alten Sterns geht. Für eine wirklich solide Hypothese brauchte es Informationen, die über einen deutlich längeren Zeitraum reichen. Douglass stand also vor der Frage, wie er an zuverlässige Daten aus der Zeit vor Galileis ersten Beobachtungen gelangen könnte.

Seine Karriere als Astronom begann Douglass im Jahr 1894 am Observatorium von Percival Lowell (1855–1916) in Flagstaff, Arizona. Dort spezialisierte er sich darauf, die sogenannten »Marskanäle« zu beobachten, Strukturen, die Giovanni Virginio Schiaparelli (1835–1910), Direktor des astronomischen Observatoriums Brera in Mailand, während der großen Mars-Opposition[2] im Jahr 1877 auf der Oberfläche des roten Planeten entdeckt hatte. Zu diesem Zeitpunkt war noch nicht klar, ob es sich um natürliche oder künstliche Phänomene handelt. Schiaparellis Beobachtungen – die er in drei Veröffentlichungen mit den Titeln *Il pianeta Marte* (1893), *La vita sul pianeta Marte* (1895) und noch einmal *Il pianeta*

Marte (1909) zusammenfasste – sorgten für großes Aufsehen und führten zu unzähligen Hypothesen, es gebe empfindungsfähiges Leben auf unserem Nachbarplaneten.

Nach anfänglicher Skepsis war sogar Percivall Lowell von der Vorstellung begeistert, Bewohner des roten Planeten könnten Kanäle angelegt haben, um die knappen Wasserressourcen besser verwalten zu können. Er wurde bald zum wichtigsten Befürworter dieser Theorie in der angelsächsischen Welt. Mit *Mars* (1895), *Mars and Its Canals* (1906) und *Mars as the Abode of Life* (1908) veröffentlichte auch er drei Bücher über das Thema und trug damit entscheidend dazu bei, die Legende vom intelligenten Leben auf dem Mars zu verbreiten. Die Mehrzahl der Wissenschaftler glaubte allerdings nicht an die Existenz von Marskanälen. Der Astronom Vincenzo Cerulli (1859–1927) etwa hielt sie für nichts weiter als optische Täuschungen.

Um es diesen Kritikern zu zeigen und zu beweisen, dass die Kanäle tatsächlich existierten, errichtete Lowell in Flagstaff ein modernes astronomisches Observatorium. Und dorthin zog es den jungen Douglass, um sich der Beobachtung des Mars und seiner imaginären Kanäle zu widmen.

Nun ist die Suche nach Beweisen für eine so verrückte Theorie nicht gerade der beste Start in eine Wissenschaftlerkarriere. Dennoch gab Douglass sich alle Mühe und machte von 1894 bis 1901 mehr Bilder vom Mars als jeder andere lebende Astronom. Dabei kam er zu dem unvermeidlichen Schluss, es gebe auf dem Mars keine wie auch immer gearteten Kanäle, womit er natürlich Lowells Zorn erregte. Anschließend verlegte Douglass sich auf das Studium der Sonnenflecken und dachte darüber nach, wie sich die viel zu kurze Beobachtungsspanne, die erst mit Galileo im Jahr 1610 einsetzte, zumindest bis in die menschliche Vorgeschichte hinein ausweiten ließe. Die Idee, mit der er dieses Ziel zu erreichen gedachte, war im Grunde recht simpel, sollte sich aber als überaus folgenreich erweisen.

Man wusste bereits, dass sich die Anzahl der Sonnenflecken direkt proportional zur Sonnenaktivität verhält, denn je mehr Flecken unser

Stern produziert, desto aktiver ist er und desto mehr Energie liefert er der Erde. Diese Schwankungen mussten sich, so folgerte Douglass, zwangsläufig auf das Klima der Erde auswirken. Das Klima wiederum hat Einfluss auf die Jahresringe von Bäumen, deren Breite davon abhängt, wie günstig oder ungünstig die klimatischen Bedingungen eines Jahres für das Pflanzenwachstum sind. Deshalb sollte man, so Douglass weiter, den postulierten Elfjahreszyklus der Sonnenaktivität auch an der Abfolge von breiteren und schmaleren Wachstumsringen der Bäume ablesen können.

Diese Hypothese ließe sich Douglass zufolge für die Jahre ab 1610 leicht bestätigen, da man die Sonnenaktivität für diesen Zeitraum ja kenne und es auch noch lebende Bäume gebe, deren Abfolge von Ringen das liefern könne, was er als *Chronologie* bezeichnete. Anschließend könnten die Chronologien, die man aus lebenden Bäumen gewonnen hatte, bis in vorgeschichtliche Zeit erweitert werden, indem man sie mit den Chronologien toter Bäume überlappen ließ oder mit dem Holz alter Gebäude und Strukturen verglich. Eine fraglos faszinierende Idee, die sich aber nur dann umsetzen ließe, wenn sich der Sonnenzyklus tatsächlich in den Baumringen widerspiegelt, was zum damaligen Zeitpunkt noch völlig offen war.

Im Jahr 1906 verließ Douglass das Lowell-Observatorium und wurde Professor für Astronomie und Physik am Tucson-Campus der University of Arizona. Dort setzte er seine Sonnenstudien fort und entwickelte eine Methode, die er als Zyklogrammanalyse bezeichnete und mit der er die Periodizität innerhalb der Wachstumsringe von Bäumen nachweisen wollte. Tatsächlich schienen die Ergebnisse anfänglich auf einen Zyklus von elfeinhalb Jahren hinzudeuten. Doch dieser Eindruck bestätigte sich nicht, denn die Zyklogrammanalyse brachte neben dem 11,5 Jahres-Zyklus auch Perioden von 23 Jahren, 20 Jahren, 19 Jahren, 14 Jahren und viele weitere, auch kürzere hervor. Obwohl Douglass es immer wieder beteuerte, funktionierte die Methode in der Praxis nicht, denn die Sonnenaktivität schlägt sich in dieser eindeutigen Form doch nicht in den Baumringen nieder.

Die Schwankungen der Sonnenaktivität wirken sich offensichtlich zu geringfügig auf das Klima unseres Planeten aus, um die Amplitude der Wachstumsringe zu verändern – oder die Effekte der Sonnenaktivität werden durch andere, entscheidendere Faktoren überlagert, etwa inwieweit Wasser verfügbar ist. So oder so, wie sich die Zyklizität der Sonnenfleckenaktivität und die Dicke der Baumringe zueinander verhalten, konnte Douglass niemals belegen. Doch er blieb hartnäckig und hielt trotz der vielen negativen Ergebnisse an seiner These fest. Er war weiterhin davon überzeugt, der Sonnenzyklus würde auf lange Sicht an den Jahresringen abzulesen sein. Man müsste nur genügend Proben sammeln.

Letztlich erwies sich Douglass' Hartnäckigkeit als großes Glück. Wäre er einsichtiger gewesen, er hätte keine längeren Zeitreihen erstellt, die bis in vorgeschichtliche Epochen zurückreichen und für ganz andere Fachgebiete von großem Nutzen sein sollten. Unbeeindruckt von den entmutigenden Ergebnissen baute Douglass seine erste Zeitreihe aus Hölzern des Colorado Plateaus auf, einer Wüstenregion im Südwesten der USA. Das 337.000 Quadratkilometer große Gebiet, das genau dort liegt, wo die vier Bundesstaaten Arizona, Colorado, New Mexico und Utah aneinandergrenzen, war bestens geeignet dafür, die erste dendrochronologische Reihe der Wissenschaftsgeschichte zu erstellen.

Das trockene Wüstenklima bewahrt tote Bäume auf unbestimmte Zeit davor zu verrotten, so dass sich hier lange Zeitreihen bilden lassen. Außerdem finden sich in den Ruinen der alten Siedlungen auf der Hochebene zahlreiche Überreste von Bauholz und hölzernen Artefakten. Überdies zählen zu den häufigsten hier vorkommenden Baumarten die Gelbkiefer (*Pinus ponderosa*) und die Douglastanne (*Pseudotsuga menziesii*). Beide eignen sich besonders gut für dendrochronologische Messungen, weil sie sehr deutliche Ringe ausbilden und überaus empfindlich auf Klimaschwankungen reagieren.

So dauerte es nicht lange, bis die dort tätigen Archäologen auf Douglass aufmerksam wurden, der ständig nach alten Hölzern suchte, und sich von ihm Hinweise erhofften, um ihre Ruinen datieren zu können.

Nachdem er einen Aufsatz von Douglass über die Beziehung zwischen Klima und Wachstumsringen gelesen hatte, schrieb Clark Wissler (1870–1947) vom American Museum of Natural History dem Astronomen im Jahr 1909: »Ihre Arbeit könnte mir bei der archäologischen Erforschung des Südwestens helfen. (…) Wir wissen nicht, wie alt diese Ruinen sind. Deshalb würde ich gerne wissen, ob es Ihrer Meinung nach möglich wäre, Holzreste aus den Ruinen mit Ihren bereits existierenden Zeitreihen zu verbinden.«[3]

Damit war Douglass' Interesse geweckt, die Ruinen im Südwesten der Vereinigten Staaten zu datieren. Da für die Region noch keine durchgängige Zeitreihe existierte, bestand der erste Schritt darin, Bauhölzer aus den wichtigsten archäologischen Fundstellen zu sammeln, um Sequenzen zusammenzustellen. Dieses Vorgehen würde zwar keine absoluten Daten liefern, aber immerhin eine relative Chronologie, mit der die Archäologen auch schon etwas anfangen könnten. Denn sie würde anzeigen, wie sich die verschiedenen Siedlungsplätze zeitlich zueinander verhielten, also ob sie früher, später oder gleichzeitig entstanden waren.

Im Mai 1919, zehn Jahre nach Wisslers Brief, präsentierte Douglass die ersten Ergebnisse seiner Jahresringuntersuchungen aus dieser Region. Durch den Vergleich von Holzfunden aus Pueblo Bonito und den sogenannten Azteken-Ruinen, beides Fundstätten in New Mexico, konnte Douglass zweifelsfrei nachweisen, dass Pueblo Bonito vierzig Jahre früher errichtet worden war, als bisher angenommen. An derart präzise Datierungen war bis dahin gar nicht zu denken gewesen. Man hatte nur ungefähre Altersangaben machen können, die auf dem Vergleich mit anderen Stätten basierten, deren genaue Entstehungszeit durch irgendeinen glücklichen Umstand bekannt war. Mit seinen Ergebnissen zeigte Douglass nun, dass die Dendrochronologie einen wichtigen Beitrag zur Archäologie leisten konnte. Um die Sequenzen der Wachstumsringe zu extrahieren, braucht es im Grunde nur einen Hohlbohrer, mit dem wenige Millimeter dicke zylindrische Proben aus Bäumen oder Balken entnommen werden, ohne diese stärker zu beschädigen. Mit etwas Übung kann das jeder bewerkstelligen.

Auf diese Weise stellte Douglass bis 1928 zwei in sich geschlossene Zeitreihen für das Colorado-Plateau zusammen, von denen die eine von lebenden Bäumen und die andere von Holzresten aus den Ruinen herrührte. Das Problem war nur, dass sie sich nicht überlappten. Die Reihe aus lebenden Bäumen ließ sich zwar fünf Jahrhunderte in die Vergangenheit zurückverfolgen, aber das reichte nicht aus, um sie mit der Reihe aus den älteren Ruinenhölzern zu verbinden, was jedoch notwendig gewesen wäre, damit er zu einer absoluten Datierung der Siedlungen gelangen konnte. Und Douglass hatte keinen Anhaltspunkt, wie groß die Lücke zwischen den beiden Sequenzen war. Es hätten nur einige Jahre oder Jahrzehnte, aber ebenso gut auch viele Jahrhunderte sein können. Er brauchte also dringend weitere Holzproben, um die Lücke zu schließen. Nur dann ließen sich exakte Angaben darüber machen, wann die Ruinen auf dem Colorado-Plateau entstanden waren. So wäre dies nicht nur die erste echte Anwendung der Douglass-Methode gewesen, sondern auch der Beweis, dass sie tatsächlich funktioniert – wenn auch in einem ganz anderen Bereich, als ursprünglich von ihm vorgesehen. Obgleich sie sich als untauglich erwies, um die Sonnenaktivitätszyklen zu erforschen, ist ihre Entdeckung nicht weniger bedeutend. Ganz im Gegenteil.

Doch dazu brauchte Douglass eine durchgehende Zeitreihe. Also suchte er weiter nach Bauhölzern und alten Bäumen. Tatsächlich gibt es lebende Bäume, die alt genug sind, um die Lücke zwischen den Zeitreihen zu schließen. Allerdings wachsen die bis zu 3000 Jahre alten Riesenmammutbäume (*Sequoiadendron giganteum*) nicht auf dem Colorado-Plateau, sondern an den Westhängen der Sierra Nevada. Wenn es ihm jedoch gelänge, die Zeitreihen des Colorado-Plateaus mit denen der Sierra Nevada zu korrelieren, wäre das Problem gelöst. Leider unterscheiden sich die klimatischen Bedingungen im Westen der Sierra Nevada jedoch so sehr vom Colorado-Plateau, dass die Sequenzen aus den beiden Gebieten sich nicht miteinander verbinden ließen. Also musste Douglass die hölzernen Bindeglieder in den Ruinen finden, oder es würde mit der durchgehenden Zeitreihe nichts werden.

Im Jahr 1929 brach Douglass deshalb zu einer Expedition auf, deren einziges Ziel darin bestand, Holzproben zu finden, mit deren Hilfe sich die Lücke zwischen den beiden Zeitreihen füllen ließe. Besonders optimistisch war er nicht. Seine auf lebenden Bäumen basierende Zeitreihe reichte inzwischen bis ins Jahr 1270 zurück, während die zweite, die er aus Ruinenhölzern gewonnen hatte, einen davor liegenden Zeitraum von weiteren 500 Jahren abdeckte. Doch die Archäologen versicherten ihm immer wieder, die Ruinen auf dem Colorado-Plateau müssten sehr alt sein. Demnach hätte die Lücke zwischen den beiden Zeitreihen etwa 500 Jahre betragen. Die Chance, Proben zu finden, die einem so großen Zeitraum entsprachen, bezifferte Douglass als äußerst gering. Doch dann stieß er am 22. Juni 1929 in der Fundstätte von Show Low in Arizona auf einen alten Holzbalken, dem er die Probe mit der Bezeichnung HH-39 entnahm. Die Überraschung war groß, als er feststellte, dass dieser eine Fund genügte, um die beiden Zeitreihen miteinander zu verbinden. Die Archäologen hatten sich geirrt. Die Ruinen im Südwesten der USA waren deutlich jünger als erwartet, denn die Probe HH-39 bewies, dass die Lücke weniger als 100 Jahre betrug.

Nach jahrzehntelanger Arbeit verfügte Douglass nun über eine durchgehende, bis 700 n. Chr. zurückreichende Zeitreihe. Das erlaubte es ihm, die Siedlungsreste im Südwesten der Vereinigten Staaten mit absoluter Sicherheit zeitlich zu bestimmen. Während die Ruinen von Mesa Verde und Canyon de Chelly im 13. Jahrhundert entstanden waren, ließen sich die sogenannten Azteken-Ruinen in die Zeit von 1111 bis 1120 datieren. Pueblo Bonito hingegen wurde Ende des 11. Jahrhunderts errichtet.[4] Bereits unmittelbar nachdem er die Zeitlücke geschlossen hatte, stellte Douglass fest, »die beiden Zeitreihen konnten durch HH-39 zweifelsfrei miteinander verbunden werden, was dieser Probe innerhalb der amerikanischen Archäologie den Rang eines Steins von Rosette verleiht.«[5]

Plötzlich existierte eine ebenso einfache wie exakte Datierungsmethode, die sich überall dort auf alte Zivilisationen anwenden ließ, wo man über durchgehende Jahresringsequenzen verfügte. Man hätte also erwarten dürfen, die Wissenschaft habe sich auf dieses neue Instrument gestürzt, um auch andere archäologische Hinterlassenschaften auf dem Planeten zu datieren. Doch das geschah nicht. Nach ihrem Erfolg auf dem Colorado-Plateau hatte es zunächst den Anschein, als ließe sich die Methode nirgends sonst auf der Welt anwenden.

Stattdessen war Douglass auch 1936 noch davon überzeugt, mit Hilfe der Dendrochronologie entscheidende Daten darüber erhalten zu können, wie die Sonnenfleckenaktivität zyklisch angelegt sei,[6] und analysierte zu diesem Zweck weiterhin unverdrossen Baumringe. Dass seine Methode sich auch als archäologisches Datierungsinstrument nutzen ließ, betrachtete er als zweitrangigen Nebeneffekt.

Dennoch war Douglass natürlich nicht entgangen, welche Bedeutung seine Forschungen für andere Fachgebiete hatten. Also gründete er 1937 mit dem Laboratory of Tree-Ring Research an der University of Arizona in Tucson das erste Labor der Welt, das sich auf die Untersuchung von Baumringen spezialisierte. Außerdem begann er als Erster Dendrochronologie zu lehren. In diesen Jahren gelang es ihm auch, die Zeitreihe für das Colorado-Plateau bis zum 1. Jahrhundert v. Chr. zu erweitern. Aber dann stockten die Forschungen, weil im Südwesten keine älteren Holzreste mehr gefunden wurden. Und selbst die Zeitreihe, die er aus den Riesenmammutbäumen der Sierra Nevada gewonnen hatte, ließ sich nicht über die 3000 Jahre der ältesten Exemplare hinaus ausdehnen. In der Folge tat sich zwanzig Jahre lang nur wenig auf dem Gebiet der Dendrochronologie.

Etwas Bewegung in die Sache kam erst wieder mit Edmund Schulman (1908–1958), einem jungen Assistenten im Labor für Baumringforschung, der bald Douglass' wichtigster Mitarbeiter werden und dessen Arbeit fortsetzen sollte. Die beiden Forscher verfolgten allerdings sehr unterschiedliche Ansätze. Während Douglass sich eher von seiner Intuition leiten ließ, ging Schulman sehr analytisch vor. Doch beide waren sie von dem Glauben an den wissenschaftlichen Wert der Dendrochronologie und einer großen Leidenschaft für die Feldforschung beseelt.

Ab 1939 verbrachte Schulman für den Rest seines Lebens jeden Sommer damit, nach den ältesten lebenden Bäumen im Südwesten der Vereinigten Staaten zu suchen. Die Mehrzahl seiner Kollegen bezweifelte, dass es noch lebende Bäume aus der Zeit vor der sogenannten »Christusbarriere«, also dem Jahr Null unserer Zeitrechnung geben könne. Trotzdem setzte Schulman seine Suche Jahr um Jahr fort, fand jedoch keinen Baum, der älter als 1700 Jahre war. Während der Kampagne 1953 beschloss er dann, auf dem Rückweg von einem seiner Camps in Sun Valley, Idaho, wo er im Jahr zuvor eine 1650 Jahre alte Biegsame Kiefer (*Pinus flexilis*) gefunden hatte, einen Abstecher in die White Mountains, eine Bergkette im Osten Kaliforniens, zu machen. Denn man hatte ihm von ungewöhnlich langlebigen Bäumen berichtet, die dort angeblich wuchsen.

Auf diese Gerüchte gab er jedoch nicht viel. Seit Jahrzehnten untersuchte er Bäume, von denen behauptet wurde, sie seien sehr alt, die sich bei näherer Betrachtung jedoch stets als vergleichsweise jung herausstellten. Nur dieses Mal nicht. Das Gebiet war ihm nicht völlig unbekannt. Es handelte sich um einen Wald aus Langlebigen Kiefern (*Pinus longaeva*), in dem der Ranger Alvin Noren ein paar Jahre zuvor auf eine riesige Kiefer gestoßen war, die man »der Patriarch« nannte. Über das Alter des Baumes wurde viel spekuliert, obwohl es am Ende gerade einmal 1500 Jahre betrug. Doch der *Pinus-longaeva*-Wald weckte Schulmans Interesse, denn er spürte dessen enormes Potenzial. Deshalb konzentrierte er seine Forschungen von nun an auf die White Mountains. Den Sommer 1957 verbrachte er im trockensten Teil des Waldes, der später als »Methuselah's Walk« bekannt werden sollte. Die brutalen, von felsigem Untergrund und geringen Niederschlägen geprägten Bedingungen, waren ideal für die Suche nach einem Baum, dessen Sämling noch vor Christi Geburt gekeimt war.

Die Ergebnisse von Schulmans Untersuchung übertrafen seine kühnsten Hoffnungen, denn mit dem *Pine Alpha* genannten Exemplar entdeckte Schulman den ersten über 4000 Jahre alten Baum.[7] Das in 2500 bis 3500 Meter Höhe gelegene Gebiet eignete sich besonders gut für Schulmans Studien. Hier, an der Grenze ihres möglichen Verbreitungsgebietes, haben die Kiefern mit schwierigen klimatischen Bedingungen und knappen Ressourcen zu kämpfen, was bei Bäumen offenbar eine wichtige Voraussetzung für Langlebigkeit ist. Auf dem wasser- und nährstoffarmen Untergrund aus Dolomitgestein wachsen die Bäume so verkrüppelt und verdreht, dass sie an Riesenbonsai erinnern. Schulman spricht von »Langlebigkeit durch Widrigkeiten«.[8] Tatsächlich erreichen Bäume derselben Art, die in anderen Regionen Kaliforniens unter wesentlich günstigeren Bedingungen wachsen, bei weitem nicht das Alter der Exemplare aus den White Mountains.

Unlängst ist festgestellt worden, dass auch Tiere durch die Begrenzung der Kalorienzufuhr länger leben. Wie nicht zuletzt die von Schulman untersuchten Bäume zeigen, scheint das Leben also die Knappheit dem Überfluss vorzuziehen. Es folgten weitere Entdeckungen, etwa nach der Untersuchung einer anderen Bohrprobe, die ergab, dass die betreffende Kiefer über 4600 Jahre alt war, weshalb Schulman sie folgerichtig Methusalem nannte. Zu diesem Zeitpunkt war sie das älteste bekannte Lebewesen der Welt.[9] Einige Jahre später entdeckten andere Forscher in einer anderen Gegend eine 4900 Jahre alte Kiefer, der sie den Namen Prometheus gaben. Über ihr Schicksal wird noch zu reden sein.

Dank dieser langlebigen Bäume boten sich der dendrochronologischen Forschung plötzlich Möglichkeiten, an die nur wenige Jahre zuvor noch nicht zu denken gewesen war. Obendrein ließ das kalte und trockene Klima in der Region auch abgestorbene Bäume nur sehr langsam verrotten, so dass eine ununterbrochene Zeitreihe möglich wurde, die 9000 Jahre in die Vergangenheit zurückreicht. Insgesamt entdeckte Schulman mehr als zwanzig über 4000 Jahre alte Bäume, hatte aber nicht mehr die Gelegenheit, ihre Zeitreihen zu untersuchen. Denn er selbst starb – ironischerweise – bereits im Alter von nur 49 Jahren, lebte also einen hundertsten Teil so lang wie die Wesen, denen er die letzten Jahre seines Lebens gewidmet hatte.

Im Jahr 1964 ging ein junger Forscher namens Donald Currey (1934–2004) auf wenig ruhmvolle Weise in die Annalen der Dendrochronologie ein. Er hatte gerade seinen Abschluss an der University of North Carolina gemacht und erhielt ein Stipendium von der National Science Foundation, um auf dendrochronologischem Wege die sogenannte Kleine Eiszeit zu untersuchen, die – wie bereits erwähnt – vom 15. bis ins 19. Jahrhundert andauerte. Einige Experten halten es zwar für richtiger, diese weltweite Kälteperiode auf den Zeitraum von 1300 bis 1850 auszudehnen, aber das macht Curreys Fauxpas nicht besser. Zu seiner Studie gehörte eine Feldforschungskampagne im Gebiet der Langlebigen Kiefern, wofür er bei der Forstverwaltung die Erlaubnis einholte, einen Baum zu fällen. Warum Currey diese extreme Maßnahme für notwendig erachtete, bleibt ein Rätsel, denn man muss einen Baum schließlich nicht umhauen, um seine Jahresringe zu studieren. Bereits seit dem 19. Jahrhundert fanden in der Forstwirtschaft spezielle Hohlbohrer, die sogenannten Zuwachsbohrer, Anwendung, die schon Douglass bei seinen Forschungen eingesetzt hatte. Auch Currey nutzte dieses Werkzeug auf seiner Expedition, nur ließ sein handwerkliches Geschick zu wünschen übrig, als er im Sommer 1964 eine Population von Langlebigen Kiefern am Wheeler Peak im Osten Nevadas aufsuchte.

Diese Bäume waren bereits ausgiebig untersucht worden, aber davon schien der junge Forscher nichts gewusst zu haben, als er mit der Probenentnahme begann und feststellte, viele der Bäume seien über 3000 Jahre alt. Ein Exemplar, dem er die Bezeichnung WPN-114 gab, hatte es ihm ganz besonders angetan. Er entnahm ihm vier Bohrproben und brach dabei sogar zwei Bohrer ab, ohne eine durchgehende Ringsequenz zu erhalten. Schließlich wandte er sich an die Forstbehörde, die ihm nicht nur erlaubte, den Baum zu fällen, sondern ihm auch noch Männer und Werkzeug zur Verfügung stellte, damit die Sache auch ordentlich erledigt wurde.

Am 6. August 1964 fiel WPN-114, und Currey konnte seine Jahresringe endlich untersuchen. Das Ergebnis war niederschmetternd. Wie sich zeigte, war WPN-114 nicht einfach nur ein besonders alter Baum, sondern das älteste bekannte Lebewesen des Planeten. In einer fatalen Verkettung von Leichtfertigkeit, Unerfahrenheit und Dummheit war es

Currey mit tätiger Unterstützung der Forstbehörde gelungen, Prometheus, den ältesten der Alten zu fällen.

Wie konnte es sein, dass weder die Forstbehörde noch Currey von Prometheus wussten? Und weshalb hat die Behörde genehmigt, den Baum ohne echten wissenschaftlichen Grund zu fällen? Am unbegreiflichsten ist mir jedoch Folgendes: Currey sollte die Kleine Eiszeit untersuchen. Warum interessierten ihn dann über 4000 Jahre alte Bäume? Man hat es nie erfahren. Die Nachricht von Prometheus' Tod wurde jahrelang geheim gehalten. Und als er schließlich bekannt wurde, ließ sich nicht mehr klären, wer dafür letztlich die Verantwortung trug. Doch selbst wenn man es gewusst hätte, wäre wohl niemand zur Rechenschaft gezogen worden. Es war ja schließlich nur ein Baum.

An diesem Punkt, der von Astronomen, uralten Bäumen und Jahresringen handelt, kommt eine etwas sperrige Persönlichkeit ins Spiel. Sie scheint auf den ersten Blick nicht so recht in die Szenerie zu passen. Dabei hat Willard Frank Libby (1908–1980), der Chemie-Nobelpreisträger von 1960, gewissermaßen von Geburt an einen Bezug zum Geschehen, denn er stammt aus einer Farmerfamilie im Staat Colorado, der ein wichtiger Schauplatz unserer Geschichte ist.

Den größten Teil seines Forscherlebens widmete Libby dem Studium der Radioaktivität. Er baute den ersten Geigerzähler der USA und arbeite von 1941 bis 1945 am Manhattan-Projekt mit, dessen Ziel es bekanntermaßen war, die erste Atombombe zu entwickeln. Nach dem Krieg wandte er sich wieder der Erforschung der Radioaktivität zu und wurde schließlich Professor am neu gegründeten Institute for Nuclear Studies an der University of Chicago. Für Libbys weitere Karriere und den Fortgang unserer Geschichte ist nun eine Entdeckung bedeutsam, die Graf Serge A. Korff (1906–1989) bereits 1939 gemacht hatte. Ihm war nämlich aufgefallen, dass kosmische Strahlung mit dem Stickstoff in der Luft reagiert und dabei das radioaktive Kohlenstoffisotop ^{14}C (Radiokohlenstoff) erzeugt.

Interessanterweise ist dieses Kohlenstoffisotop jedoch nicht stabil, sondern zerfällt mit einer Halbwertszeit von exakt 5730 Jahren. Libby stellte nun fest, dass jedes Lebewesen, ganz gleich ob Pflanze oder Tier, während seines Lebens Radiokohlenstoff aufnimmt. Sobald der Organismus stirbt, ist es damit jedoch vorbei, und durch den Zerfallsprozess halbiert sich die Menge an Radiokohlenstoff alle 5730 Jahre. Libbys Idee war im Grunde also ganz einfach. Da Radiokohlenstoff in der Atmosphäre zumeist in Form von Kohlendioxid vorkommt, wird es von Pflanzen während der Photosynthese aufgenommen und in organische Materie umgewandelt. Deshalb enthält alles pflanzliche Material einen bestimmten Anteil an Radiokohlenstoff. Dasselbe gilt für Tiere, deren Kohlenstoff aus dem Nahrungskreislauf von Pflanzen stammt. Mit anderen Worten, ob ein Tier nun Pflanzen oder andere Tiere frisst, der Kohlenstoff, aus dem es besteht, ist letztlich pflanzlichen Ursprungs. Doch der entscheidende Punkt in diesem Zusammenhang ist ein anderer: Je länger ein Organismus tot ist, desto geringer ist der ^{14}C-Anteil, den seine Überreste noch enthalten. Daraus zog Libby den Schluss, es müsste durch die Messung der verbliebenen ^{14}C-Menge möglich sein, das Alter organischer Überreste zu bestimmen, seien sie nun aus Holz, Stoff oder Knochen.

Theoretisch zumindest, denn um dies auch praktisch zu belegen, musste Libby zuvor noch einige technische Probleme lösen. Zunächst einmal ist es alles andere als einfach, ^{14}C in organischem Material nachzuweisen. Die Menge an Radiokohlenstoff lässt sich nämlich nur durch die Radioaktivität ermitteln, die entsteht, wenn die Isotope zerfallen. Diese Strahlung ist jedoch nur sehr schwach, und es existierte zu Libbys Zeit noch kein Verfahren, um sie zu messen. Hier kamen Libby seine Erfahrungen beim Bau von Geigerzählern zugute, und so gelang es ihm schließlich, eine geeignete Messtechnik zu entwickeln.[10] Nun verfügte er endlich über ein geeignetes Werkzeug, um die organischen Substanzen zu datieren.

Inwieweit die neue Technik zuverlässig war, überprüfte Libby an Proben, deren Alter bereits auf anderem Wege bestimmt worden war. Dazu verwendete er organische Überreste aus den Gräbern der Pharaonen Djoser (reg. um 2720–2700 v. Chr.) und Snofru (reg. 2670–2620 v. Chr.), die mit einer Fehlertoleranz von plus minus 75 Jahren auf 2625 v. Chr. datiert wurden. Mit seiner ^{14}C-Messung kam Libby auf 2800 v. Chr. mit einer Fehlertoleranz von plus minus 250 Jahren.[11] Das war schon einmal ein sehr ordentliches Ergebnis. Als er 1952 seine Schrift *Radiocarbon Dating*[12] veröffentlichte, war die Technik anwendungsreif und revolutionierte zugleich die Archäologie, die Paläontologie und alle anderen Disziplinen, die sich mit alten Artefakten beschäftigen. Um 1960 gab es weltweit bereits über zwanzig Labore, die Datierungen mit Hilfe der Radiokarbonmethode vornahmen. Als Libby 1960 den Nobelpreis verliehen bekam, schrieb das Komitee in seiner Begründung: »Selten hat eine einzelne Entdeckung in der Chemie so großen Einfluss auf das Denken in so vielen Bereichen des menschlichen Strebens gehabt.«

Im Vergleich zur Dendrochronologie hatte die Radiokarbonmethode mehrere Vorteile, denn sie ließ sich bei allen organischen Materialien anwenden und war nicht auf regionale Zeitreihen angewiesen, weil sie überall auf der Welt gleichermaßen galt. Außerdem genügten schon geringe Materialmengen für eine Analyse. Wo sie genutzt werden konnte, war die Dendrochronologie allerdings deutlich genauer und vor allem nicht so fehleranfällig wie die Radiokarbonmethode, die noch einige Schwächen barg. Zudem wichen die Ergebnisse der ersten Messungen aus den fünfziger Jahren oftmals so auffällig von den traditionellen Datierungen ab, dass viele Archäologen ihnen schlicht keinen Glauben schenkten.[13]

So waren die meisten Prähistoriker in der zweiten Hälfte des 20. Jahrhunderts der festen Überzeugung, die großen Megalithbauten in Stonehenge und anderswo in Europa könnten erst in nachmykenischer Zeit entstanden sein. Doch bei den Radiokarbonmessungen kamen Datierungen heraus, die zumeist deutlich früher lagen, als man erwartet hätte. Im Jahr 1954 veröffentlichte der bekannte britische Archäologe Stuart Piggott (1910–1996) sein Werk *Neolithic Cultures of the British Isles*, in dem er darlegte, die Jungsteinzeit auf den Britischen Inseln habe nicht vor 2000 v. Chr. eingesetzt. Die Radiokarbondatierungen widersprachen dieser Einschätzung jedoch in eklatanter Weise, denn sie verlegten den Beginn der Jungsteinzeit um wenigstens 1000 Jahre zurück. Stuart war erzürnt. Er bezeichnete die Datierungen, die so gewonnen wurden, als »archäologisch inakzeptabel« und erklärte die Radiokarbonmethode für zu ungenau.

Damit hatte er zwar nicht ganz unrecht, denn die Datierungen waren tatsächlich fehlerhaft – nur eben nicht in der Weise, wie Stuart es behauptete. Libbys Methode basierte auf der irrigen Annahme, der ^{14}C-Gehalt in der Atmosphäre sei über die Zeiten hinweg konstant geblieben. Tatsächlich schwankte er im Laufe der Erdgeschichte jedoch erheblich, weil die kosmische Strahlung variierte.

Doch wieder einmal sprangen Pflanzen in die Bresche. Durch die gute alte, zuverlässige Dendrochronologie verfügen wir nämlich über eine mehr als 9000 Jahre lange Zeitreihe, mit der sich die gewonnenen ^{14}C-Rohdaten kalibrieren lassen. Das Laboratory of Tree-Ring Research bot Libby seine Hilfe an, um mit der durchgehenden Zeitreihe aus den Langlebigen Kiefern der White Mountains eventuelle Abweichungen des ^{14}C-Gehalts zu ermitteln. Dabei handelt es sich um eine elegante und belastbare Methode, die Libby anfangs jedoch gar nicht gefiel. Er hat sich zwar nie dazu geäußert, doch es widerstrebte ihm offenbar, seine Messungen mit etwas so Banalem wie den Jahresringen von Bäumen abgleichen zu müssen. Vermutlich erschien ihm das irgendwie unwissenschaftlich. Andererseits wurde die Kritik an den Frühdatierungen, die er mit seiner Methode vornahm, immer lauter. Und zudem wuchsen in der Wissenschaftsgemeinde die Zweifel an dem von ihm postulierten konstanten Radiokohlenstoffniveau.

Libby war also in der misslichen Lage, seine Messmethode unbedingt bestätigen zu müssen, und einen anderen Weg als die Dendrochronologie gab dafür es nicht. Also biss er in den sauren Apfel und ließ zu, dass die Zeitreihe aus den *Pinus-longaeva*-Jahresringen mit der ^{14}C-Methode gemessen wurde. Die Schwankungen im ^{14}C-Gehalt der Atmosphäre ließen sich nun nicht länger leugnen, und Libby musste einsehen, dass die auf der Radiokarbonmethode basierenden Datierungen teils erheblicher Korrekturen bedurften.

Die Kalibrationskurve, die aus den dendrochronologischen Daten gewonnen wurde, zeigt zwei Arten periodisch auftretender Abweichungen von der angenommenen linearen Abnahme der ^{14}C-Konzentration. Die eine tritt im Abstand von etwa 9000 Jahren auf[14] und wird wahrscheinlich durch Schwankungen des Erdmagnetfeldes verursacht.[15] Für die andere, die auch als »DeVries-Zyklus« bezeichnet wird, sind kürzere Abstände von etwa 200 Jahren charakteristisch. Dieser Zyklus wurde nach seinem Entdecker, dem niederländischen Biophysiker Hessel de Vries (1916–1959) benannt, der leider auch wegen eines schrecklichen Verbrechens in Erinnerung geblieben ist. Im Jahr 1959 ermordete er seine Assistentin, weil sie keine Beziehung mit ihm eingehen wollte, und beging anschließend Selbstmord. Andernfalls wäre ihm vielleicht 1960 zusammen mit Libby der Nobelpreis verliehen worden.

In den folgenden Jahren entdeckte man, dass auch menschliche Aktivitäten wie die Verbrennung fossiler Brennstoffe (Suess-Effekt)[16] oder Atomexplosionen für Schwankungen der ^{14}C-Konzentration in der Atmosphäre verantwortlich sind. Im Gegensatz zu den großen Schwankungen, die dank der Dendrochronologie festgestellt wurden, hatten sie jedoch keinen Einfluss auf die Datierung alter Proben. Ab dem 1. Jahrtausend v. Chr. schlägt die Kalibrierkurve wegen der höheren Radiokohlenstoffkonzentration sowieso stark nach unten aus. Als Folge davon musste das tatsächliche Kalenderalter von Proben, die mit Hilfe der Radiokarbonmethode auf die Zeit um 2400 v. Chr. datiert worden waren, um 600 Jahre früher angesetzt werden. Und bei ^{14}C-Rohdaten, die ein Datum um 3100 v. Chr. ergaben, waren es sogar 1100 Jahre. Der arme Piggott hatte also recht mit seiner Behauptung, Libbys erste Messungen seien falsch. Allerdings rechnete er sicher nicht damit, dass das tatsächliche Kalenderalter noch sehr viel weiter von seinen eigenen konventionellen Datierungen entfernt liegen würde. Denn nach der Korrektur durch die Kalibrierung musste der Beginn der britischen Jungsteinzeit im Vergleich zu Libbys ursprünglichen Schätzungen um weitere 1000 Jahre zurückverlegt werden. So verwundert es nicht, dass dieses Ergebnis für beträchtlichen Aufruhr in der europäischen Archäologie sorgte.

Mittlerweile sind die anfänglichen Schwächen der Radiokarbonmethode beseitigt, und es bleibt nur noch die Frage, wie die vergleichsweise kurzfristigen Abweichungen des DeVries-Zyklus zustande kommen. Ganz gewiss scheinen sie mit den Schwankungen der Sonnenaktivität zusammenzuhängen. Denn eine höhere Sonnenaktivität bedeutet, dass auch mehr Strahlung die Erde erreicht, was wiederum zu einer höheren ^{14}C-Konzentration in der Atmosphäre führt.

Auch wenn sich die Sonnenaktivität etwas anders auf die Erde auswirkt, als von ihm vermutet, kann Douglass, der Vater der Dendrochronologie, letztlich also doch noch in Frieden ruhen, denn in gewisser Weise hat er ja Recht behalten. Die Sonnenaktivität hat Spuren in den Jahrringen der Bäume hinterlassen.

06 — Pflanzen der Erkenntnis

—Das Paradies stelle ich mir gerne als tropischen Urwald vor ... In diesem Fall wäre der Baum der Erkenntnis wohl eine Bananenstaude.

06__PFLANZEN DER ERKENNTNIS

»Zwei stattliche Sauen traben hinter diesem Wagen her, und eine erlesene Gesellschaft von einem halben Dutzend kommt eben um die Ecke. Hier ist ein einsames Schwein, das allein nach Hause watschelt. Es hat nur noch ein Ohr, weil es das andere auf seinen Wanderungen in die Stadt im Kampf gegen streunende Hunde verlor. Aber es fühlt den Mangel nicht sonderlich und führt ein angenehmes, abwechslungsreiches, vagabundierendes Leben, das einige Ähnlichkeit mit dem unserer Klubmitglieder in England hat. Das Schwein verlässt sein Zuhause jeden Morgen zu einer bestimmten Zeit, treibt sich in der Stadt herum, verbringt den Tag an einem Ort, der ihm zusagt, und erscheint abends regelmäßig wieder vor der Tür seiner Behausung.«

Diesen Bericht hat der englische Schriftsteller Charles Dickens (1812–1870) 1842 anlässlich eines Besuches in New York verfasst. Beim Gang durch die Straßen des Big Apple fiel ihm noch mehr an den Schweinen auf: »Sie stehen weder unter Aufsicht, noch werden sie gefüttert, ausgetrieben oder eingefangen, sondern man überlässt sie von frühester Jugend an sich selbst (...) Jedes Schwein weiß viel besser, wo es wohnt, als irgendjemand ihm sagen könnte. Jetzt, da der Abend kommt, sieht man sie dutzendweise nach Hause watscheln, wobei sie unterwegs nichts verschmähen, was sich ihrem Appetit darbietet. Bisweilen trabt ein junges Schwein, das sich überfressen hat oder von den Hunden sehr mitgenommen worden ist, wie ein verlorener Sohn traurig nach Hause. Aber das ist nur selten der Fall, da vollkommener Gleichmut, Selbstvertrauen und unerschütterliche Ruhe ihre Haupteigenschaften sind.«[1]

Dickens hat sich das nicht einfach nur ausgedacht. So bizarr es aus heutiger Sicht auch erscheinen mag, die Szenen, die er beschreibt, haben sich damals tatsächlich so zugetragen, und die Banane spielte dabei eine nicht unwesentliche Rolle. Ich meine die Frucht selbst und nicht die Pflanze, an der sie wächst, also die Bananenstaude. Genauer gesagt, geht es um den äußeren, unwertesten Teil der Frucht: die Bananenschale, den Abfall.

Für etwas, das normalerweise achtlos weggeworfen wird, gibt es erstaunlich viele Geschichten über dieses natürliche Verpackungsmaterial. Seit ich mich damit beschäftige, habe ich eine ganze Menge von ihnen gefunden. Die sprichwörtliche Bananenschale, auf der jemand ausrutscht, ist in vielen Sprachen zum Sinnbild für einen dummen Fehltritt geworden. Aber warum gerade die Bananenschale und nicht die Schale einer anderen Frucht? Orangen- oder Melonenschalen sind schließlich nicht weniger rutschig. Man kann sich zwar »in Schale werfen« und eine »harte« oder »weiche Schale« haben, aber es bleibt offen, um welche Art von Schale es sich dabei handelt. Nur die Umhüllung der Banane ging explizit in den allgemeinen Sprachgebrauch ein.

Dieses scheinbar so banale Thema begann mich im Frühjahr 2014, während eines Besuchs im Labor von Kitakyushu auf der japanischen Südinsel, zu faszinieren. Obwohl ich mich regelmäßig dort aufhalte, beschränken sich meine sozialen Kontakte auf sehr wenige Wissenschaftler und Kollegen. Das liegt natürlich nicht zuletzt an meinen mangelnden Japanischkenntnissen – wofür ich mich wirklich schämen sollte, wenn man bedenkt, wie oft ich in Japan bin. Hinzu kommt, dass sich Studenten verständlicherweise nicht gerne mit jemandem unterhalten, der so viel älter und zudem höher gestellt ist als sie. Das bedauere ich wirklich sehr, denn ich bin ein großer Bewunderer der japanischen Kultur. Doch ohne sich mit Einheimischen auszutauschen, ist es natürlich schwer, zu einem tieferen Verständnis zu gelangen. Dagegen kann ich jedoch nur wenig tun. Selbst wenn ich perfekt Japanisch sprechen könnte, würde es mir dabei nur wenig nützen, denn als Fremder erhält man nur beschränkten, oberflächlichen Zugang zur japanischen Gesellschaft und Kultur.

Zum Glück gibt es meinen lieben Freund und Kollegen Tomonori, der mir diesen Zustand erträglicher macht. Durch zahllose Gespräche gewährt er mir auf unbewusste Weise zumindest etwas tiefere Einblicke in diese geheimnisvolle Zivilisation. Allerdings ist Tomonori, den ich meistens einfach nur Tom nenne, auch ein untypischer Japaner. Man könnte ihn beinahe als kulturellen Mutanten bezeichnen. So ist er der einzige Japaner, den ich kenne, bei dem es nicht unbeholfen klingt, wenn er sagt: »Es ist schon spät! Komm, lass uns einen trinken gehen.« Aus dem Mund jedes anderen Japaners würde sich dieser Satz unecht oder deplatziert anhören. Obwohl es viele versuchen, wirkt es bei den meisten nicht wie eine freundliche, ehrlich gemeinte Aufforderung, sondern eher wie eine nur widerwillig ausgesprochene Einladung. Ähnlich ergeht es den Japanern, wenn wir Westler versuchen, ihre Verbeugungen zu imitieren. Wir können es einfach nicht, ohne dabei lächerlich zu wirken. Oder wie Tom mir einmal sagte: »Lass es einfach bleiben, das ist nichts für dich.« Für ihn dagegen ist es ganz natürlich, dass wir zusammen etwas trinken gehen. Ihn getroffen zu haben, war wirklich ein glücklicher Zufall, denn es gibt nicht viele Japaner wie ihn. Wer weiß, womöglich ist er sogar der einzige kulturelle Mutant überhaupt. Dank Tom habe ich im Laufe der Jahre einiges über dieses faszinierende Volk gelernt.

Eines Abends rief er mich an, um sich mit mir zu verabreden. In der Regel bedeutet es, dass wir nach getaner Arbeit vom Labor aus direkt in seine Lieblingskneipe gehen. Dort, in dem kleinen, dunklen Raum, kann man Bier trinken und winzige Portionen japanischer Gerichte zu sich nehmen. Ich mag diese Abende auch deshalb, weil wir uns nach den ersten Bieren fast immer über Tatsachen, Konzepte oder Gemeinplätze unterhalten, die für uns Abendländer selbstverständlich sind, während sie für Japaner nicht den geringsten Sinn ergeben. Oder umgekehrt. An jenem Abend ging es um die Bananenschale. Ich erzählte ihm, jemand, irgendein Politiker, sei auf einer Bananenschale ausgerutscht.

Tom sah von seinem Bier auf und lächelte mich an. »Hat er sich sehr weh getan?«

»Was redest du? Er ist natürlich nicht wirklich gestürzt«, erwiderte ich. »Das ist doch nur eine Redewendung.«

So erfuhr ich, auf einer Bananenschale auszurutschen, habe für Tom – wenn nicht für alle Japaner – nur eine wörtliche und keine metaphorische Bedeutung. Ich war fassungslos, und so entspann sich eine lange und lustige Unterhaltung darüber, warum und mit welchem Recht dieser Ausdruck in so vielen Ländern der Welt einen festen Platz im Repertoire der Sprachbilder hat. In unseren Kneipendiskussionen gibt es ein ungeschriebenes Gesetz. Jeder muss den Standpunkt als Argumentationsgrundlage wählen, der ihm am geeignetsten erscheint, um die Argumentation des Gegners auszuhebeln. Auf diese Weise kann es etliche Abende und Bierchen dauern, bis einer von uns unwiderlegbare Beweise für seine Position beibringen kann.

Tom hielt die Metapher für unsinnig und fragte: »Warum ausgerechnet die Bananenschale und nicht die Schale einer anderen Frucht? Ist die Bananenschale so viel rutschiger?« Ich habe es noch nicht erwähnt, aber Tom ist ein brillanter Chemiker und neigt deshalb von Haus aus dazu, seine Argumentation auf die Natur der Materialien zu stützen. In diesem Fall war er nur dann gewillt, die Richtigkeit der Redewendung zu akzeptieren, wenn ich ihm beweisen könne, die Schale der Banane sei tatsächlich die rutschigste von allen Früchten.

Sein Standpunkt brachte mich gleich in die Bredouille. Wo um alles in der Welt sollte ich vergleichende Daten darüber herbekommen, wie gleitfähig Obst- und Gemüseschalen sind? Da es keine solche Untersuchung gab, würde jedes Argument, mit dem ich meine Position zu untermauern versuchte, Tom nur ein müdes Lächeln entlocken. Kein Wunder also, dass dieses Biergespräch ihn mehr amüsierte als jedes andere zuvor. Im Bewusstsein seiner starken Position, ließ er mich stundenlang über Bananen referieren. Ich redete über ihren Nährwert, ihre soziale Bedeutung, die Möglichkeiten, ihre Abfälle zu verwenden, und darüber, wie die Parthenokarpie[2] (Jungfernfrüchtigkeit) funktioniert. Aber was ich auch vorbrachte und so interessant es auch sein mochte, die Frage, ob die Bananenschale tatsächlich rutschiger ist als andere Schalen, konnte ich nicht beantworten.

Am Ende meines Vortrags schaute Tom mir grinsend ins Gesicht und sagte: »Na und?«

Das gefiel mir natürlich gar nicht. »Wer zuletzt lacht ...« dachte ich und begann trotzig, alles über Bananenschalen zu lesen, was ich nur finden konnte. So hoffte ich auf verifizierbare Informationen, die mir dabei helfen würden, doch noch den Sieg in unserer Diskussion davonzutragen. Die Mühe hat sich auf jeden Fall gelohnt, denn ich habe dabei eine Menge gelernt.

Auch wenn es hier vor allem um die Bananenschale geht, kann etwas Grundwissen über den Rest der Pflanze nicht schaden. Der Begriff Banane bezeichnet etwa siebzig Arten der Gattung Musa,[3] von denen die meisten essbare Früchte hervorbringen. Dennoch stammen fast alle kernlosen Bananen, die uns heute bekannt sind, von nur zwei Wildarten ab, nämlich der *Musa acuminata* und der *Musa balbisiana*, die beide erstmals 1820 vom Turiner Juristen Luigi Colla (1766–1848) beschrieben wurden.[4] Die Bananenstaude ist kein Baum, wie man meinen könnte, sondern eine riesige krautige Pflanze, deren Früchte (die Bananen) botanisch gesehen zu den Beeren gehören. Tatsächlich ist die Banane eine der ersten Früchte, die Menschen kultiviert und geerntet haben. Und das geschah so früh, dass in vielen östlichen Traditionen die Banane und nicht etwa der Apfel oder die Feige als Frucht der Erkenntnis gilt, was den Baum der Erkenntnis zu einer Staude macht. Und das nicht zu Unrecht, denn die Banane ist eine der Pflanzen, die die Menschen am längsten begleitet.

Die frühesten Hinweise auf den Bananenanbau finden sich in Südostasien und Papua-Neuguinea, wo sie laut archäologischen und altertümlich-ökologischen Forschungen bis in die Zeit um 8000 v. Chr.

zurückreichen.[5] Allerdings entwickelte man den Bananenanbau wohl nicht an einem bestimmten Ort, von dem aus er sich dann in andere Regionen ausbreitete. Vielmehr scheinen unterschiedliche Arten an unterschiedlichen Orten unabhängig voneinander domestiziert worden zu sein – ein Phänomen, das bei vielen menschlichen Nutzpflanzen beobachtet werden kann.

Mit diesen Grundkenntnissen ausgestattet, können wir uns nun der Frage zuwenden, warum Bananenschalen so berühmt geworden sind. Ihre Geschichte ist eng mit der Geschichte des Nordamerikahandels in der zweiten Hälfte des 19. Jahrhunderts verbunden. Zu dieser Zeit konnten sich in einer Stadt wie New York nur wenige Menschen Bananen leisten. Sie waren ein mit Kaviar vergleichbares Luxusgut, was sie zu einer Art Statussymbol machte, mit dem man bei Abendgesellschaften angeben oder Freunde beeindrucken konnte. Die Gründe dafür liegen auf der Hand, denn Mitte des 19. Jahrhunderts kam es noch einer echten Herausforderung gleich, Bananen aus ihrer Anbauregion nach New York zu transportieren, ohne dass sie sich auf der Reise in übelriechenden Matsch verwandelten. Kontinentale Eisenbahnen waren noch ein ferner Traum und Segelschiffe das einzige Transportmittel, das in Frage kam. Doch für die Strecke von Jamaika nach New York brauchten sie drei Wochen, und das war leider nicht schnell genug, um den New Yorker Markt konstant mit Bananen im richtigen Reifestadium zu versorgen. Schon gar nicht in größeren Mengen.

Das änderte sich jedoch rasch, als Dampfschiffe die alten Segelschoner ablösten und man bei der Boston Fruit Company die Eingebung hatte, Bananen noch in grünem Zustand zu ernten und sie in speziellen Kühlräumen zu verschiffen, damit sie erst an den Zielmärkten ausreifen würden. Die Kühlung erfolgte zunächst mit Eis, aber bald schon mit immer ausgeklügelteren Methoden. Als Folge davon vervielfachte sich die Menge der Bananen, die den nordamerikanischen Markt im richtigen Reifezustand erreichten, und die Preise sanken. Plötzlich waren Bananen keine Delikatesse mehr, die den Reichen vorbehalten war, sondern entwickelten sich binnen weniger Jahre zum Streetfood für zwischendurch, das sich jeder leisten konnte. Damals begann der Siegeszug der Banane. Heute ist sie die am meisten verzehrte Frucht in den Vereinigten Staaten und nach Reis, Weizen und Mais das vierthäufigste Nahrungsmittel der Welt.

Ende des 19. Jahrhunderts bot man in New York an jeder Straßenecke Bananen zu günstigen Preisen an. Die Boston Fruit Company – aus der später die United Fruit Company und schließlich Chiquita hervorgingen – überschwemmte die Städte Nordamerikas zur großen Zufriedenheit von Nahrungsmittelindustrie, Handel und Verbrauchern mit Bananen von guter Qualität. Nur die Bananenbauern hatten und haben nichts oder doch nur sehr wenig davon. Sie werden auf schändliche Weise ausgebeutet, seit die Spanier die Banane nach Amerika brachten, und daran hat sich leider bis heute nichts geändert.

Der wachsende Bananenverbrauch verbesserte zwar die Ernährungssituation der einfachen Bevölkerung, deren Speiseplan durch dieses günstige Nahrungsmittel bereichert wurde, aber er verschlimmerte auch das Abfallproblem in den Städten. Innerhalb von nicht einmal einer Generation zählten Bananenschalen zu einem der häufigsten Abfälle auf den Straßen New Yorks. Natürlich waren nicht allein die Bananen an der Misere schuld. Im ausgehenden 19. Jahrhundert herrschten in New York alles andere als Sauberkeit und Ordnung. Ihres Abfalls entledigten sich die Bewohner einfach, indem sie ihn auf die Straße warfen. So etwas wie eine organisierte Stadtreinigung oder ein Müllentsorgungssystem existierte nicht. Als Folge davon häufte sich der Müll entlang der Straßen in solchen Mengen, dass sie oftmals unpassierbar wurden. Immer wieder kam es deshalb zu Verkehrsumleitungen. Ganze Stadtteile galten aufgrund dieser Zustände als *off-limits*, sollten also tunlichst nicht betreten werden. Das Armenviertel Five Points im Süden von Manhattan etwa war seinerzeit das traurige Paradebeispiel eines westlichen Slums. Man hielt die Gegend nicht nur ihrer hohen Kriminalitätsrate wegen für unbewohnbar. Schlimmer noch waren die katastrophalen hygienischen Zustände, die immer wieder zu Epidemien führten und auch eine sehr hohe Kindersterblichkeitsrate zur Folge hatten.[6]

Aber das Müllproblem betraf natürlich nicht nur die Armenviertel, sondern die ganze Stadt, und bedurfte dringend einer Lösung. Was also konnte man tun? Ein von der New Yorker Stadtverwaltung erdachter Lösungsansatz verdeutlicht, dass man die Amerikaner nicht umsonst als besonders praktisch denkende Menschen rühmt, denn sie bedienten sich einer Methode, die andernorts gebräuchlich war. Was machten die Farmer auf dem Land mit ihren organischen Abfällen? Ganz einfach, sie verfütterten sie an ihre Schweine. Warum sollte das nicht auch in der Stadt funktionieren? Also holte man Zehntausende von Schweinen in die Stadt, vertraute sie Hirtenfamilien an und ließ sie frei in den Straßen herumlaufen, wo sie munter alle fressbaren Abfälle vertilgten. Aus heutiger Sicht mag uns diese Lösung als verzweifelte Maßnahme erscheinen, doch ihre praktischen Aspekte sind nicht von der Hand zu weisen. Denn die organischen Abfälle wurden nicht einfach nur beseitigt, sondern in saftige Schinken und Koteletts verwandelt.

Die Ergebnisse konnten sich durchaus sehen lassen, die Müllmengen auf den New Yorker Straßen nahmen drastisch ab. Außerdem stand Tausenden von armen Familien nun eine neue Nahrungsquelle mit hohem Nährwert zur Verfügung. Heute, im Zeitalter des Recyclings und der Kreislaufwirtschaft, gibt es immer noch keine Maschine, die auch nur ansatzweise das leisten könnte, wozu ein Schwein in der Lage ist. Natürlich hatte auch diese Medaille zwei Seiten. So wissen wir schon aus Dickens' Bericht, dass es Tausende herrenlos umherstreunender Schweine gab. Diejenigen, die sie nicht leiden konnten, nannte sie »wandelnde Jauchegruben«, aber für alle anderen waren sie ein Segen.

Trotzdem konnte es natürlich nicht lange gut gehen. Die Schweine erwiesen sich zwar als äußerst effiziente Abfallbeseitiger, sorgten aber auch für Unmut. So beschuldigte man sie, Kinder anzugreifen, auf Menschen zu defäkieren und Krankheiten wie die Cholera zu verbreiten. Schwerwiegende Probleme, gewiss – aber unlösbar waren sie nicht. Als einschneidender erwies sich letztlich, dass die Tiere gegen Anstand, Sitte und öffentliche Moral verstießen. Denn Schweine sind nun einmal Schweine und haben als solche keinerlei Scheu, sich in aller Öffentlichkeit auf der Straße zu paaren. Das war vor allem den männlichen New Yorkern ein Dorn im Auge. Sie fürchteten, die unzüchtige Natur der Tiere könne auf ihre untadeligen Ehefrauen und Töchter abfärben und sie dazu verleiten, allzu offenherzig über die fleischlichen Freuden zu denken. Das durfte man natürlich nicht tolerieren. Damit war das Schicksal der Schweine besiegelt. Bald waren die Tiere fort und die Stadt versank wieder in Müll und Bananenschalen.

Man fragt sich, welche Schweinerei die größere war, denn es lagen nun so viele Bananenschalen auf den Straßen, dass immer wieder Menschen auf ihnen ausrutschten. Die Unfälle nahmen geradezu epidemische Ausmaße an, und die Zeitungen zu jener Zeit berichteten auffallend oft über Stürze, die häufig zu Verstauchungen oder Knochenbrüchen und in einigen Fällen sogar zum Tode führten. In den Kabaretts und Stummfilmen wurden damals auch die ersten komischen Sketche über Bananenschalen aufgeführt. Charlie Chaplin (1889–1977) erhob den Ausrutscher auf der Bananenschale zu einer regelrechten Kunstform. Später taten es ihm Buster Keaton (1895–1966) und andere nach.

Über Bananenschalen wurde zwar viel gelacht, aber sie waren eben auch eine Quelle des Unheils. Die Zahl der Unfälle und Verletzungen nahm derart überhand, dass man sich zu außerordentlichen Maßnahmen gezwungen sah. Schließlich erließ Theodore Roosevelt (1858–1901), damals Polizeichef von New York, am 9. Februar 1896 eine Verordnung, die untersagte, Bananenschalen auf die Straße zu werfen. Die Verkäufer wurden verpflichtet, die Verordnung deutlich sichtbar in ihren Geschäften auszuhängen. Verstieß man dagegen, drohten Bußgelder von bis zu zehn Dollar und in schwerwiegenden Fällen sogar Gefängnisstrafen.

Doch damit nicht genug. Um die Verordnung durchzusetzen und das Müllproblem ein für alle Mal zu lösen, übertrug Roosevelt einem Mann namens George Waring (1833–1898) die Verantwortung für die Straßenreinigung. Der ehemalige Oberst aus dem Bürgerkrieg hatte bereits das Abwassersystem von Memphis modernisiert und damit den dort immer wieder grassierenden Epidemien ein Ende gesetzt. Waring schien auch für diese Aufgabe prädestiniert zu sein, denn binnen kürzester Zeit verwandelte er die Stadtreinigung in eine veritable, weiß uniformierte Miliz, in der eine eiserne militärische Disziplin herrschte. Die von ihm eingeleiteten Maßnahmen fielen dementsprechend aus. Bald waren Schweine, Müll, Gestank und Bananenschalen aus New York verschwunden.

Obwohl ich nun wusste, wie New York sein Bananenschalenproblem in den Griff bekommen hatte, konnte ich noch immer nicht sagen, warum ausgerechnet die Bananenschale zum Synonym für Rutschigkeit und zum Gegenstand so vieler Witze geworden ist. Toms Frage stand also weiterhin unbeantwortet im Raum: warum Bananenschalen und nicht Wassermelonen oder Orangen?

Ich befand mich wieder am Anfang. Obwohl ich wochenlang über die Geschichte der Banane diskutierte und recherchierte, war ich dem Phänomen der Rutschigkeit von Bananenschalen nicht auf die Spur gekommen. Tom nippte an seinem Bier und hörte mir aufmerksam zu, während ich ihm von den Hygienemaßnahmen in New York berichtete. Als ich fertig war, erschien einmal mehr dieses überlegene Grinsen in seinem Gesicht, und wieder sagte er: »Na und?«

So langsam entwickelte sich die Sache bei mir zur Besessenheit. Ich hatte zwar viel über Bananenschalen gelernt, aber über ihre Rutschigkeit schien es einfach keine Daten zu geben. Und ich wusste, Tom würde mich so lange mit seinem nervigen »Na und?« quälen, bis ich ihm ein paar Zahlen vorlegte.

Nun, wenn es keine Daten darüber gab, dann musste ich die Rutschigkeit der Bananenschalen eben selbst messen. In Kitakyushu standen mir ein Labor voller Instrumente und ein Stab von Mitarbeitern zur Verfügung, die darin geschult waren, die unterschiedlichsten Probleme zu lösen, die mit der Pflanzenwelt zu tun haben. Bananenschalen sind ja schließlich Pflanzenmaterial. Was konnte es also schaden, ein paar zusätzliche Informationen über ihre chemischen und physikalischen Eigenschaften zu gewinnen? So habe ich meine Mitarbeiter zusammengetrommelt und ihnen das Problem dargelegt: »Fällt jemandem ein Test ein, mit dem man die Gleitfähigkeit einer Bananenschale messen kann?« Sie wiederholten die Frage mehrmals, denn sie dachten, sie hätten sich verhört oder ich wolle sie auf den Arm nehmen. Ich versicherte ihnen jedoch, weder das eine noch das andere sei der Fall, und unterstrich noch einmal die Dringlichkeit meines Anliegens.

Meine japanischen Mitarbeiter haben die liebenswerte Eigenschaft, sie in aller Regel nicht erst stundenlang davon überzeugen zu müssen, warum etwas Bestimmtes getan werden sollte. Wenn ich in Florenz einen meiner Mitarbeiter bitte, diese oder jene Messung für mich durchzuführen, muss ich immer darauf gefasst sein, ihm die wissenschaftlichen Gründe für meine Anfrage darzulegen oder zu erklären, weshalb ich mich für ein bestimmtes Verfahren entschieden habe anstatt für ein anderes. Verstehen Sie mich nicht falsch, es ist natürlich wichtig, Mitarbeiter zu haben, die bereit und in der Lage sind, Dinge kritisch zu hinterfragen. Und ich selbst halte neue Kollegen immer wieder dazu an, nachzufragen und nichts für selbstverständlich zu nehmen. Aber manchmal ist es eben auch ganz schön anstrengend, und ich fühle mich dann wie in einer Sophistenwerkstatt. Hätte ich in Florenz geäußert, einen Bananenschalentest vornehmen zu wollen, wäre ich damit jedenfalls nicht so leicht durchgekommen.

Doch zum Glück war ich in Japan. Meine Mitarbeiter waren sicher, wir würden die gewünschten Daten binnen einer Woche beisammen haben, und im Labor brach sogleich emsige Betriebsamkeit aus. Eine Gruppe begann, die vorhandene Literatur über Bananenschalen zu studieren, während sich eine andere in Untersuchungen über Gleitfähigkeitsmessungen vertiefte und eine dritte ein Labor an der nahegelegenen Ingenieurschule aufsuchte, wo an Schmierstoffen geforscht wurde. Wir führten Gespräche mit Spezialisten verschiedenster Fachgebiete, und zusammen mit neuen Instrumenten trafen Bananen in unterschiedlichen Formen und Reifegraden ein. Kurzum, was sich vor meinen Augen abspielte, war ein Musterbeispiel für die japanische Arbeitseffizienz. Der Fleiß meiner Mitarbeiter machte mir gute Laune, und ich war mir sicher, dem guten Tom würde sein süffisantes Lächeln schon sehr bald vergehen.

Wie falsch ich doch lag! Die Tage vergingen, aber die Ergebnisse ließen auf sich warten. Nach der anfänglichen Euphorie verloren meine Mitarbeiter zusehends an Esprit, bis sie schließlich das Handtuch warfen und mir erklärten, es ließen sich keine verwertbaren Daten generieren. Ja, ich weiß, was Sie jetzt denken – vor allem die Physiker und Ingenieure unter Ihnen, die ich absichtlich im selben Atemzug nenne, um Sie ein wenig zu ärgern: Wie schwer kann es schon sein, die Gleitfähigkeit einer Bananenschale zu messen? Ich will gar nicht im Detail darauf eingehen, vor welchen Schwierigkeiten wir standen. Ich sage nur eines: Versuchen Sie es selbst und lassen Sie mich anschließend bitte wissen, was dabei herausgekommen ist.

Das Labor nahm seine gewohnten Aktivitäten wieder auf, und ich stand ziemlich dumm da mit meiner Bananenschalenbesessenheit. Gewiss mag es albern klingen, aber ich war tatsächlich niedergeschlagen. Toms Grinsen verfolgte mich, und ich begann sogar zu argwöhnen, meine Mitarbeiter könnten mit ihm unter einer Decke stecken. – So weit war es also mit mir gekommen ... Und dann geschah ein Wunder. Anders kann ich es nicht nennen, denn es war ein Ereignis von jener Art, die einen Menschen mit dem Göttlichen versöhnen kann. Um mich von meiner Fixierung abzulenken, begann ich, in einer wissenschaftlichen Zeitschrift zu blättern, die gerade eingetroffen war. Darin ging es um die Ig-Nobelpreise[7] des Jahres 2014, was mir eine amüsante Lektüre versprach. Vergnügt las ich, wie man die Preisverleihungen in den verschiedenen Disziplinen begründete, als mich beim Ig-Nobelpreis für Physik beinahe der Schlag traf. Er wurde den japanischen Forschern Kiyoshi Mabuchi, Kensei Tanaka, Daichi Uchijima und Rina Sakai von der Kitasato Universität verliehen, und zwar dafür, *die Reibung zwischen Schuhsohle und Bananenschale beziehungsweise zwischen Bananenschale und Boden ermittelt zu haben, wenn jemand auf eine am Boden liegende Bananenschale tritt*!

Auch nach mehrmaligem Lesen konnte ich es kaum glauben. Die Botschaft schien aus einer anderen Welt zu kommen. Die Japaner hatten in der Tat gemessen, wie rutschig Bananenschalen sind. Nicht zu fassen! Ich hätte die Burschen knutschen können. Den betreffenden Fachartikel hatten die Autoren in einer – zumindest für mich – vollkommen obskuren Zeitschrift namens *Tribology Online*[8] veröffentlicht, von der ich noch nie gehört hatte. Die Tribologie, also die Reibungslehre, ist ein spezielles Fachgebiet, das sich damit beschäftigt, wie gleitfähig bestimmte Stoffe sind. Wer hätte das gedacht? Mit einem Schlag war ich wieder obenauf. Nach allen Strapazen und Enttäuschungen bot mir die Tribologie nun doch noch die Chance, meinen Standpunkt zu rehabilitieren.

Der umfassende Artikel enthielt alle Informationen, denen ich seit Wochen so vergeblich nachgejagt war. Endlich wusste ich, wie rutschig eine Bananenschale ist: Der Reibungskoeffizient einer normalen Schuhsohle auf Linoleum beträgt 0,412, während die entsprechende kennzeichnende Größe einer Bananenschale mit 0,066 über sechsmal niedriger liegt. Der Artikel gab auch über den Reibungskoeffizienten von Apfelschalen (0,12), Orangenschalen (0,22) und anderen interessanten Materialpaaren Auskunft. So erfuhr ich, der Reibungskoeffizient von Skiern auf Schnee falle nur geringfügig niedriger aus als der einer Bananenschale (etwa 0,04) und nichts glitte besser als Eis auf Eis (0,025). Mit anderen Worten, ich konnte jetzt nicht nur mit exakten Messdaten über die Gleitfähigkeit von Bananenschalen aufwarten, sondern hatte auch den Beweis, dass sie tatsächlich rutschiger sind als die Schalen anderer Früchte.

Ich unterdrückte den Impuls, umgehend in Toms Arbeitszimmer zu stürmen und ihm den Artikel vor die Nase zu halten. Sicher, das hätte mir rasche Befriedigung verschafft. Aber nachdem ich so lange auf verlorenem Posten argumentiert und sein siegessicheres Grinsen ertragen hatte, wollte ich meinen Triumph auskosten. Also ging ich zu ihm und erkundigte mich beiläufig, was er am Abend vorhabe. Wie erwartet schluckte er den Köder. Er bedachte mich allerdings mit einem seltsamen Blick, der mich vielleicht hätte misstrauisch machen sollen. Dann lächelte er und sagte: »Wollen wir vielleicht etwas trinken gehen? Ich rede doch so gerne über Bananenschalen.«

»Ich doch auch«, versicherte ich ihm.

Tatsächlich konnte ich es kaum erwarten. Ich druckte mir den Artikel aus und ging zur verabredeten Zeit in unsere Stammkneipe. Tom ließ nicht lange auf sich warten. Wie üblich hatte er einen Rucksack mit wissenschaftlichen Unterlagen dabei, den er neben sich auf den Boden stellte. Er nahm einen Packen Publikationen in japanischer Sprache heraus und legte sie auf den Tisch, doch dem maß ich zunächst keine Bedeutung bei. Wir bestellten uns ein Bier und fingen an, über dies und das zu reden. Ich ließ es geschehen, denn ich wollte, er würde von sich aus auf die Bananenschalen zu sprechen kommen. Und dann würde ich ihm mit meinen neuesten tribologischen Erkenntnissen genüsslich das Grinsen aus dem Gesicht wischen.

Und er tat mir den Gefallen. Ja, er schien ganz begierig darauf zu sein, unsere Diskussion fortzusetzen. »Und, wie kommst du voran mit deiner Bananenschalenforschung? Die Gleitfähigkeitsmessungen scheinen ja nicht so gut gelaufen zu sein«, sagte er schließlich. Natürlich hatte er von den fehlgeschlagenen Laborversuchen erfahren. Aber genau darauf hatte ich gehofft, denn das würde meinen Sieg nur umso köstlicher machen. Auf die ironischen Spitzen, wie kompetent mein Labor sei, ging ich gar nicht erst ein, sondern begann nun ohne Umschweife, über Tribologie, Messmethoden und Reibungskoeffizienten zu referieren. In der kurzen Zeit hatte ich mir bereits eine Menge Grundwissen über dieses faszinierende Fachgebiet angeeignet. Ich war mir sicher, ihm damit den Wind aus den Segeln zu nehmen, doch was soll ich sagen, der Kerl lächelte immer noch. Und je weiter ich mit meinem Bericht voranschritt, desto breiter wurde sein Grinsen. Als ich schließlich am Höhepunkt meiner Ausführungen angelangte und auf den geringen Reibungskoeffizienten der Bananenschalen zu sprechen kam, brach er in Gelächter aus. Es war die Art von Lachen, die kein Ende nehmen will und ansteckend auf andere wirkt. Auch ich konnte nicht mehr an mich halten und stimmte ebenso wie die übrigen Gäste in sein Gelächter ein. Wenn man eine Gelegenheit hat, herzhaft zu lachen, sollte man sie nicht verstreichen lassen.

Nachdem sich das Lachen gelegt hatte und auch die Trinksprüche, die daraufhin durch den Raum hallten, verklungen waren, machte Tom mir ein Geständnis. Wie sich zeigte, hatte er den Stapel mit japanischen Artikeln nicht ohne Grund auf den Tisch gelegt, denn nun zog er daraus den Artikel aus *Tribology Online* hervor und gab zu, ihn bereits zu kennen, seitdem er veröffentlicht worden war. Er habe sich ja schon immer für die Eigenschaften von Materialien interessiert, sagte er, und die Tribologie sei so etwas wie sein Steckenpferd. Kurzum, er sei von Anfang an in Besitz dieser Daten gewesen, habe sie mir aber nicht geben wollen. Und er hatte – zu Recht – darauf gebaut, ich würde ja niemals auf diese obskure Studie von der unbekannten Japanese Society of Tribologists stoßen. Wie hätte er auch damit rechnen können, dass man ausgerechnet diese Arbeit mit dem Ig-Nobelpreis für Physik auszeichnen würde. Und das ausgerechnet zu dem Zeitpunkt, da ich mich mit Bananenschalen beschäftige. »Das war Pech«, schloss er arglos.

Er nahm einen Schluck Bier und erhob sich, um zur Toilette zu gehen. Über den erfolgreichen Streich, den er mir gespielt hatte, hatte er noch gut lachen, als der geringe Reibungskoeffizient seiner Baumwollsocken dafür sorgte, dass er auf dem polierten Holzboden ausrutschte und schmerzhaft auf dem Hintern landete. Die Szene hätte einem Buster-Keaton-Film alle Ehre gemacht, doch ich lachte nicht, sondern half ihm auf die Beine. Plötzlich war er sehr ernst, und ich fragte ihn, ob es wehgetan habe.

»Das auch«, erwiderte er. »Aber vor allem erkenne ich in diesem Sturz ein göttliches Zeichen.«

Ich sah ihn an und suchte in seiner Miene nach Anzeichen eines Scherzes, konnte aber keines entdecken.

»Wie groß war die Wahrscheinlichkeit, dass du von einem obskuren Artikel erfährst, den eine noch obskurere japanische Wissenschaftsgesellschaft in einem Fachgebiet veröffentlicht hat, von dem du nicht einmal wusstest, dass es existiert? Überleg mal. Eins zu einer Milliarde? Zehn Milliarden oder hundert?«

Ich sagte irgendetwas über Zufall, Schicksal und Pech, aber davon wollte Tom nichts wissen. »Nein! Es war göttliches Eingreifen, das sage ich dir. Eine andere Erklärung gibt es nicht. Nur so konntest du den Artikel entdecken, und der Sturz war eindeutig die Strafe für mein Verhalten.«

Dem ließ sich schwerlich etwas entgegensetzen. Ich stimmte seiner Erklärung zu, und so waren wir ausnahmsweise einmal einer Meinung. Ein weiteres Wunder. Die Tribologie hat's gegeben, die Tribologie hat's genommen, dachte ich.

Das Ringen darum, wie gleitfähig Bananenschalen sind, hat mir jedoch nicht nur Erkenntnisse über die Reibungskoeffizienten von Obstabfällen beschert und damit meinen ohnehin schon großen Fundus an nutzlosem Wissen erweitert. Nein, es hat mir auch eine Art Zen-Lektion erteilt. Wenn es uns in Monaten der Forschung kaum gelingt, die Eigenschaften von etwas so banalem wie Bananenschalen näher zu bestimmen, wie können wir dann die Welt, in der wir leben, jemals ganz verstehen? Die Antwort ist einfach: Wir können es nicht. Und diese Erkenntnis erfüllt mich mit tiefer Freude, denn nichts regt mich mehr auf als die von menschlichem Hochmut gespeiste Behauptung, wir wüssten über eine bestimmte Sache nun alles, was es zu wissen gebe. Wenn ich etwa Leute sagen höre, wir stünden nunmehr vor dem Ende der Kunst, der Musik oder der Physik, krampft sich alles in mir zusammen. Immer wieder erschüttert es mich, welches Ausmaß die menschliche Eitelkeit annehmen kann, von ihren Folgen ganz zu schweigen. Aber stellen wir uns doch einen Moment lang vor, wir hätten über einen dieser Bereiche wirklich absolut alles in Erfahrung gebracht. Wäre es nicht schrecklich traurig, wenn wir alle Geheimnisse der Physik enträtselt hätten? Plötzlich bräuchten wir keine Physiker mehr, und niemand würde noch spannende Theorien über Multiversen, also Parallelwelten, über Elementarteilchen, Schwarze Löcher oder Quantenverschränkung ersinnen müssen, denn wir wüssten ja bereits alles. Die Physik als Wissenschaft würde verschwinden und zu einer bloßen Ansammlung von Wissen verkommen.

Was für eine langweilige Welt es doch wäre, in der man alles weiß.

Aber keine Sorge, dazu wird es in nächster Zeit nicht kommen, das beweist schon unser lückenhaftes Wissen über Bananenschalen. Ich meine jetzt nicht den Umstand, dass wir ihren Reibungskoeffizienten kennen, das ist, wie ich zugeben muss, nur etwas für echte Enthusiasten. Aber jeder weiß nun wirklich, wie man eine Banane schält, schließlich ist sie das viertbeliebteste Lebensmittel der Welt! Man knickt den Stil und zieht die Schale ab. Richtig? Falsch! Viel besser ist es, sie am entgegengesetzten Ende zu öffnen. Dazu drückt man es einfach zwischen Daumen und Zeigefinger zusammen, und die Schale spaltet sich wie von Zauberhand in zwei praktische Hälften auf, die sich ganz leicht entfernen lassen.

So machen es die Schimpansen. Man muss sich nur die entsprechenden Dokumentarfilme ansehen. Schimpansen wären niemals so dumm, Bananen so zu schälen, wie wir es für gewöhnlich tun. Dieses Vorgehen ist einfach nicht effizient. Aber wenn wir noch nicht einmal wissen, wie man eine Banane richtig schält, wie ist es dann ganz allgemein um unser Wissen über Bananen bestellt? Eher schlecht, würde ich meinen. Sie glauben mir nicht? Hier zwei essenzielle Fakten über Bananen, die kaum jemand kennt. Zunächst einmal sind Frucht und Schale der Banane leicht radioaktiv. Wer hätte es gewusst? Dabei ist das eigentlich keine große Neuigkeit, denn jedes irdische Objekt, das Kalium enthält, also auch Menschen, Tiere und Pflanzen, gibt eine kleine Menge Radioaktivität ab. Genau genommen sind es 31 Becquerel pro Gramm (Bq/g) – das heißt, jede Sekunde zerfallen 31 Kaliumatome pro Gramm Kalium.[9] Das liegt daran, dass natürlich vorkommendes Kalium zu 0,0117 Prozent aus ^{40}K (Kalium-40), einem instabilen Isotop mit einer Halbwertszeit von etwa 1,3 Milliarden Jahren besteht.

Interessant ist die Banane in diesem Zusammenhang wegen ihres sprichwörtlich hohen Kaliumgehalts von etwa einem halben Gramm pro Frucht. Dieser Umstand veranlasste einige Wissenschaftler im Jahr 1995 dazu, die Öffentlichkeit mit Hilfe der »Bananenäquivalentdosis« (BÄD oder BED, nach engl. *Banana equivalent dose*) über Strahlenrisiken aufzuklären. Denn die Radioaktivität ist zwar ein Bestandteil unserer natürlichen Umwelt, aber die Dosen sind in aller Regel so gering, dass die Strahlung ungefährlich ist.

Dabei handelt es sich natürlich nicht um eine exakte wissenschaftliche Messung, sondern wie bei jeder Äquivalenz um einen Annäherungswert, der sich jedoch als sehr nützlich erwiesen hat, wenn es darum geht, die Öffentlichkeit über strahlungsbedingte Risiken aufzuklären. Die Einheit, in der die Strahlung gemessen wird, heißt Sievert (Sv), und der Strahlungswert einer Banane beträgt ein Zehnmillionstel Sievert, also 0,1 µSv. Zum Vergleich: Durch die natürliche Hintergrundstrahlung sind wir etwa 0,35 µSv pro Stunde, also dem Dreieinhalbfachen einer Bananendosis ausgesetzt. Auf diese Weise können wir sagen, eine Flugstunde in großer Höhe entspreche etwa fünfzig Bananen, das Schlafen neben einem anderen Menschen einer halben Banane und eine Röntgenaufnahme unseres Armes ungefähr zehn Bananen. Die Ersthelfer nach der Katastrophe von Tschernobyl hingegen waren Bedingungen ausgesetzt, die mehreren Hundertmillionen Bananen pro Stunde gleichkamen.

Aber Bananen besitzen noch eine weitere außergewöhnliche Eigenschaft, denn Bananenschalen fluoreszieren unter ultraviolettem Licht. Wenn wir sie durch eine Spezialkamera betrachten, die dieses Lichtspektrum erfassen kann, leuchten sie wie ein Weihnachtsbaum. Allerdings nur die reifen. Denn die Fluoreszenz ist auf eine chemische Verbindung zurückzuführen, die durch den Abbau von Chlorophyll entsteht, weshalb grüne, also unreife Bananen nicht fluoreszieren. Für Tiere, die ultraviolettes Licht wahrnehmen können, ist das eine gute Nachricht, denn es hilft ihnen, reife von unreifen Früchten zu unterscheiden. Die Fluoreszenz ist folglich ein äußerst effizientes pflanzliches Warnsystem,[10] denn es hindert die Tiere daran, Früchte zu vertilgen, die ihnen womöglich gar nicht bekommen und deren Samen noch nicht ausgereift sind.

Diese geniale Fähigkeit erhöht also die Chancen der Banane, sich fortzupflanzen und auszubreiten. Allerdings nur bei den wildwachsenden Sorten, denn unsere kultivierten Essbananen haben ja bekanntlich keine Samen mehr. Ihnen bleibt nur die vegetative Vermehrung durch Menschenhand. Wer also zufällig eine UV-Kamera in die Hand bekommt, sollte bedenken, dass das Leuchten der Bananen auf dem Küchentisch nichts weiter ist als die nutzlose Reminiszenz an eine glückliche Vergangenheit, in der sie noch freie, entwicklungsfähige und würdige Lebewesen waren, die sich selbst vermehren konnten. Dann kam der Mensch und reduzierte die Frucht auf ein bloßes Konsumprodukt. Aber wen wundert's, die Menschen sind schließlich auch dumm genug, auf Geschichten wie die folgende hereinzufallen.

Im Rückblick ist es nur schwer zu glauben, doch dank eines gut gemachten Scherzes wurde unsere Beziehung zu der süßen gelben Frucht kurzzeitig um einen neuen, gänzlich unerwarteten Aspekt erweitert. Man schrieb das Jahr 1967, als eine Zeitungsente – heute würden wir wohl von einem Hoax sprechen – mehrere Monate lang Menschen weltweit dazu veranlasste, getrocknete Bananenschalen zu rauchen, weil sie glaubten, sich so ein halluzinogenes Rauscherlebnis verschaffen zu können – und das auch noch ganz legal und praktisch kostenlos.

Viele meinen, Fake News seien eine moderne Erfindung, eine Folge der enormen Macht des Internets, das es jedem ermöglicht, den größten Unsinn zu verbreiten und auch noch ein willfähriges Publikum dafür zu finden. Tatsächlich gehörten Falschnachrichten immer schon zur menschlichen Kommunikation. Sie sind uns angeboren, könnte man beinahe sagen. Allerdings ist es heute dank des Internets und der modernen Kommunikationstechniken sehr viel leichter, uns glauben zu machen, die Erde sei in Wahrheit doch eine Scheibe und die Kondensstreifen am Himmel ermöglichten es der CIA, das Weltklima zu kontrollieren. Aber 1967 gab es noch kein Internet, keine Mobiltelefone, keine sozialen Netzwerke und keine Blogs. Radio- und Fernsehsender existierten nur wenige, und die meisten von ihnen waren noch in staatlicher Hand. Damals waren gedruckte Zeitungen die wichtigsten Nachrichtenorgane, so dass sich Neuigkeiten noch sehr viel langsamer verbreiteten, als es heute der Fall ist.

Wie konnte es also passieren, dass dennoch so viele Menschen, Hippies und Nicht-Hippies, Gebildete und Nicht-Gebildete, innerhalb nur weniger Tage zu der offensichtlich absurden Überzeugung gelangten, ausgerechnet Bananen – die von Kindern am meisten geliebte Frucht – enthielten starke halluzinogene Substanzen und man müsse nur die Schale rauchen, um die psychoaktive Wirkung zu spüren? In der Tat hätte es niemals dazu kommen können, wären nicht mehrere, teils zufällige Begleitumstände gleichzeitig eingetreten.

Einmal ist es die Zeit der mythischen Gegenkultur der 1960er-Jahre. 1967 befinden wir uns mitten im Vietnamkrieg, das *Sgt. Pepper's*-Album[11] von den Beatles ist gerade erschienen, The Doors und Pink Floyd bringen ihre Debütalben heraus und Jimi Hendrix sein unerreichtes Album *Are You Experienced*. Die erste Ausgabe der Zeitschrift *Rolling Stone* erscheint in San Francisco, und Hugo Pratt (1927–1995) erschafft Corto Maltese. Die Kinos zeigen Luis Buñuels (1900–1983) *Belle de Jour – Die Schöne des Tages*, Arthur Penns (1922–2010) *Bonnie und Clyde* und *Die Reifeprüfung* von Mike Nichols (1931–2014). Die sexuelle Befreiung und zahlreiche Neuerungen in allen gesellschaftlichen Bereichen, veränderten Lebensstile, Geschmäcker und soziale Beziehungen, gepaart mit einem Wandel der individuellen und kollektiven Ethik, erschütterten die alte Ordnung und gaukelten vielen für kurze Zeit vor, eine andere Welt sei möglich.

Dieser Traum regte viele dazu an, mit bewusstseinserweiternden Substanzen zu experimentieren. Auf der Suche nach künstlichen Paradiesen wurde alles konsumiert, wovon man annahm, es könnte psychoaktive Eigenschaften besitzen. Man testete die Drogen unter wissenschaftlichen Bedingungen in Labors, aber viele Menschen gingen auch das Risiko ein, sie einfach auszuprobieren. LSD zum Beispiel, das in den USA bis 1966 ganz legal hergestellt, vertrieben und konsumiert werden durfte, verbreitete sich vor allem unter Künstlern und Intellektuellen rasend schnell. Als der Konsum der Droge dann 1967 erst in den Vereinigten Staaten und anschließend auch in den meisten anderen Ländern der Welt verboten wurde, suchte man verzweifelt nach ähnlich wirkenden legalen Alternativen. Die Menschen experimentierten bei sich zu

Hause mit allen möglichen Substanzen. Beinahe etwas Rührendes hat es, wenn man die Berichte aus dieser Zeit liest, in denen detailliert beschrieben wird, wie man Paprika (unreif, reif oder verfault), Chilischoten, Auberginen, Salbei, Oregano, Kartoffeln und jedes andere Gemüse oder jeden Pilz, den man sich vorstellen kann, so aufbereitet, dass man das entstandene Produkt mit Tabak vermischen oder auch pur rauchen kann. Mitten in dieser Experimentierphase beginnt, untermalt von den verworrenen Worten des schottischen Liedermachers Donovan, die Geschichte unseres halluzinogenen Bananenpulvers.

1966 veröffentlichte Donovan (* 1946), den man mit sehr viel Wohlwollen als »britische Antwort« auf Bob Dylan (* 1941) bezeichnen könnte, die Single *Mellow Yellow*, die schon bald die Hitlisten auf der halben Welt eroberte und sogar Platz zwei der amerikanischen Billboard-Charts erreichte. Und es hat ganz den Anschein, der vollkommen unverständliche Text dieses Liedes, der deshalb alle möglichen Interpretationen zulässt, sei für die Legende von der halluzinogenen Wirkung der Banane verantwortlich. Schon in den Titel kann man alles hineinlesen, denn was zum Teufel bedeutet *Mellow Yellow*? Zartgelb? Sanftgelb? Reifgelb? Doch während man sich auf den Titel noch halbwegs einen Reim machen kann, ist der Text vollkommen abstrus. Die einzigen Zeilen, die noch halbwegs Sinn ergeben, scheinen von einem Mädchen namens Saffron und dem Sänger Mellow Yellow zu handeln, die offenbar verrückt nacheinander sind.

Der Text hangelt sich von einer obskuren Aussage zur nächsten, bis er schließlich an die entscheidende Stelle gelangt, an der es heißt: »Electrical banana / Is gonna be a sudden craze / Electrical banana / Is bound to be the very next phase«, was man mit etwas gutem Willen mit »Elektrische Banane / Wird ein plötzlicher Wahnsinn sein / Elektrische Banane / Wird die nächste Phase sein« übersetzen könnte. Mit dieser nur auf den ersten Blick sinnlos erscheinenden Proklamation, so glaubte man, habe der schlaue Donovan andeuten wollen, dass die Zukunft des Drogentrips in der Bananenschale liege. Nach dem Motto: Was Marihuana gestern war, ist heute die Banane. Tatsächlich lässt er sich als klassischer

Nonsenstext bezeichnen, wie er in vielen anderen Liedern dieser Zeit zu finden ist – also als eine Aneinanderreihung von Phrasen, die absolut nichts bedeuten, sondern einfach nur zur Musik passen und unergründlich klingen sollen. Allein schon aus diesem Grund läuft jeder Vergleich Donovans mit Bob Dylan ins Leere.

Darum hatte es auch gar keinen Sinn, den Liedermacher nach der Bedeutung zu fragen, was Interviewer jahrzehntelang nicht daran hinderte, es dennoch zu tun. Donovans verständlichste Antwort lautete, die Werbung für einen gelben Vibrator habe ihn zu seiner »Electrical banana« angeregt. Auf jeden Fall machten einige Studenten in Berkeley 1967, ausgehend von diesen Worten, die grandiose Entdeckung, dass Bananenschalen, wenn man sie richtig behandelt, tatsächlich wie ein starkes Halluzinogen wirken. Das passte natürlich perfekt in eine Zeit, in der einige der wichtigsten Alben der Rockgeschichte von Drogen inspiriert worden waren. Ich erinnere nur an *Bringing It All Back Home* (1965) und *Highway 61 Revisited* (1965) von Bob Dylan oder *Rubber Soul* (1965) und *Revolver* (1966) von den Beatles. Mit der Rockmusik gehörten psychoaktive Substanzen zum Bestandteil der Popkultur, deshalb erschien es nur logisch, nun auch die Banane zum Rauschmittel zu erheben.

Und so erschien am 3. März 1967 im *Berkley Barb*, einer der einflussreichsten Untergrundzeitungen jener Epoche, ein Artikel, in dem sich Ed Denson ausführlich über die halluzinogenen Eigenschaften von Bananenschalen äußert und beschreibt, wie man durch das Rauchen von vier Zigaretten, die mit Bananenpulver versetzt sind, einen annehmbaren Rausch erleben könne. Denson behauptet, einige Tage zuvor in Vancouver in diese neue psychoaktive Substanz »eingeweiht« worden zu sein, wo er sich einen Bananen-Joint zu Gemüte geführt habe – mit ganz erstaunlichen Folgen. Dieselbe Ausgabe des *Berkley Barb* enthält auch den witzigen Leserbrief eines »aufmerksamen Konsumenten und kooperativen Mitglieds«. Der anonyme Schreiber weiß zu berichten, er habe »in der Frischwarenabteilung« eines örtlichen Lebensmittelgeschäfts einen verdeckt ermittelnden Beamten der Polizei von Berkeley herumlungern sehen. »Ich vermute, sie sollen Leute beobachten, die viele Bananen kaufen«, fährt er fort, denn inzwischen sei ja allgemein bekannt, dass Bananen psychoaktive Eigenschaften besäßen. Der Brief endet mit der Prophezeiung, der Besitz großer Bananenmengen werde sicher bald als Verbrechen eingestuft.

Wenn man Brief und Artikel heute liest, erkennt man sofort, dass es sich dabei eigentlich nur um einen Scherz handeln kann. Damals schien das jedoch niemandem aufgefallen zu sein, und so nahmen die Dinge ihren Lauf. Am 4. März, also nur einen Tag, nachdem der *Berkeley Barb* den Artikel veröffentlicht hatte, griff der *San Francisco Chronicle* die Nachricht mit großem Getöse auf. Auf den Zeitungsplakaten an den Straßenecken war sie in großen Lettern wiedergegeben. Der Artikel im *Chronicle* zitierte den *Berkeley Barb* und erwähnte auch den anonymen Konsumenten. Man bat die Polizei von Berkeley um Auskunft, die jedoch bestritt, daran beteiligt gewesen zu sein. Der Artikel endet mit der fundierten Einschätzung eines gut informierten Hippies, wonach »die ganze Sache von der United Fruit Company[12] aufgezogen wurde, um noch mehr Bananen zu verkaufen.«[13] Wäre es wirklich eine Werbestrategie gewesen, dann eine ungewöhnlich erfolgreiche, denn am nächsten Tag war in der gesamten Bay Area keine einzige Banane mehr zu bekommen.

Der Artikel fand enormen Widerhall, denn sofort übernahmen ihn zahlreiche andere Untergrundzeitungen, die in jenen Jahren über die verschiedenen Hippiegemeinschaften in den Vereinigten Staaten berichteten. Über Fan-Zeitschriften, kleine lokale Untergrundmagazine, Leserbriefe und auf Hippiefestivals verteilte Handzettel verbreitete sich die Nachricht im ganzen Land. Die Redakteure des *East Village Other* in New York gingen sogar so weit zu behaupten, sie seien die Entdecker der psychoaktiven Fähigkeiten der Banane, während die *Los Angeles Free Press* das Rezept für die Herstellung des perfekten *Mellow Yellow* abdruckte, so dass man die berauschende Wirkung des Bananenschalenpulvers schließlich von Küste zu Küste pries. Nicht lange dauerte es, bis auch Firmen versuchten, von dem Hype zu profitieren, und potenziellen Kunden »100% reine und legale Banane« anboten.

Am 16. März 1967 veröffentlichte Christopher Hartzell im *Columbia Daily Spectator* einen begeisterten Artikel mit dem vielsagenden Titel »Billiger Rausch«, der mit den Worten beginnt: »Gras ist nicht zwingend grüner auf der anderen Seite des Gesetzes und eine echte psychedelische Erfahrung womöglich nicht weiter entfernt als der nächste Obstladen. Denn das Rauschmittel heißt nicht Marihuana, Haschisch oder LSD (...) es ist die Banane – ja genau, die gute alte gelbe Banane.« Anschließend gibt er eine Anleitung, wie man am besten vorgeht: »Es gibt mehrere Möglichkeiten, um von Bananen high zu werden. Die einfachste besteht darin, eine reife Banane zu schälen, die weißen Fasern aus dem Inneren der Schale zu kratzen und sie bei 200 Grad etwa zwanzig Minuten lang im Ofen zu trocknen. (...) Die getrockneten tabakähnlichen Fasern können dann zu einer Zigarette gedreht oder in einer Pfeife geraucht werden. Man kann aber auch Kaugummistreifen in eine aufgeschnittene Banane legen und sie zwei Wochen dort belassen, bevor man sie kaut.«

Der Bananenverbrauch stieg rapide und nahm solche Ausmaße an, dass die gelbe Frucht in Städten wie San Francisco oder New York wochenlang kaum noch zu bekommen war. Und es gab sogar Gerüchte, Drogenfahnder hätten bereits besonders eifrige Bananenkäufer ins Visier genommen. Während eines dreitägigen Treffens der »Kosmischen Liebe« im New Yorker Central Park konnten die Teilnehmer an behelfsmäßigen Verkaufsständen günstige Bananen erwerben und wurden zugleich ausführlich darüber aufgeklärt, wie sie das Beste aus den verschiedenen Sorten herausholen konnten. Die Banane wurde in Liedern besungen, und unter den Jüngern der gelben Frucht verbreitete sich sogar ein neuer Gruß. Dabei wandelten sie die berüchtigte Mittelfingergeste ab, indem sie den Finger nicht gerade, sondern gekrümmt emporgereckten. Man darf jedoch getrost annehmen, dass der eine oder andere freundlich gemeinte Gruß zu Missverständnissen führte. Und natürlich wurde allenthalben Bananenschalenpulver geraucht. Für kurze Zeit war der Bananen-Joint angesagter als das gute alte Marihuana. Der Siegeszug der billigen und vor allem legalen gelben Droge schien unaufhaltsam.

Dann gab jedoch die Food and Drug Administration (FDA) am 26. Mai 1967 in einer Erklärung bekannt, bei Laboruntersuchungen mehrerer Bananenmischungen seien keine »nachweisbaren Mengen bekannter Halluzinogene« gefunden worden. Man suchte inzwischen sogar nach einem neuen psychoaktiven Wirkstoff, den einige Scherzkekse »Bananadin« getauft hatten. Dass sich nichts dergleichen nachweisen ließ, hielt die Menschen allerdings nicht davon ab, auch weiterhin begeistert Bananen zu inhalieren. An diesem Punkt nahm sich die Wissenschaft der Sache an.

Schon 1968 erschien in der renommierten Fachzeitschrift *Economic Botany* eine von Dr. Abraham Krikorian[14] verfasste Studie, in der die Herstellung des ominösen Bananenpulvers genau beschrieben wird: a) Man besorge sich 15 Pfund reife Bananen; b) man schäle die Bananen und entsorge die Früchte – oder esse sie, falls man hungrig ist; c) man kratze mit einem scharfen Messer das Innere der Schalen aus; d) man gebe das ausgekratzte Material in einen großen Topf, füge Wasser hinzu und koche das Gemisch zwei bis drei Stunden lang, bis es die Konsistenz einer festen Paste hat; e) man streiche die Paste auf Backpapier und trockne sie etwa zwanzig Minuten im Ofen, bis ein feines schwarzes Pulver daraus geworden ist.

Auch Krikorian kann keine psychoaktiven Substanzen in Bananen nachweisen, mahnt aber dennoch zur Vorsicht: »Obwohl die Wirkung beim Rauchen von Bananen nachweislich eher psychologischer als psychedelischer Natur ist, bleibt die Tatsache bestehen, dass Bananenschalen, wie alle anderen pflanzlichen Stoffe, zahllose nicht identifizierte Substanzen enthalten.« Doch schon zuvor war die gelbe Wunderdroge langsam aus den Nachrichten verschwunden. Man las zwar gelegentlich noch Berichte über junge Leute, die von Drogenermittlern aufgegriffen wurden, weil sie in Besitz von Pfeifen und Alu-Tüten mit Mellow Yellow waren, aber auch die wurden immer seltener. Im Herbst 1967 verlagerten die Untergrundzeitungen ihre Berichterstattung zunehmend auf die Proteste gegen das amerikanische Engagement in Vietnam und die *Black-Power*-Bewegung.[15] Der Spaß war vorbei und nach einer kurzen Übergangsphase musste die Banane wieder mit ihrer alten Rolle als Ingredienz von Babynahrung und Milchshakes vorlieb nehmen.

07__Pflanzen des Verbrechens

—Das Holz für den Bau der Leiter, die bei der Entführung des Lindbergh-Babys verwendet wurde, stammte teilweise aus einem Wald in South Carolina.

07__PFLANZEN DES VERBRECHENS

In meinen jüngeren Jahren fürchtete ich nichts mehr als die Vortragsveranstaltungen und akademischen Tagungen, zu deren Besuch ich verpflichtet war. Dazu muss man wissen, dass akademische Zusammenkünfte einer Liturgie mit genau festgelegten Regeln folgen, von denen nicht abgewichen werden kann. Am unbehaglichsten fühlte ich mich immer während der Diskussionen mit den Kollegen, die sich an die Vorträge anschlossen. Auch dabei hat man sich an bestimmte Spielregeln zu halten: Zunächst einmal stellt man sich selbst vor und spricht anschließend den Vortragenden respektvoll mit Namen an. Dann kommentiert man seinen Vortrag anerkennend und garniert seine wohlwollenden Worte höflich mit ein paar ausgewählten Kritikpunkten. Selbst wenn es ein sehr guter Vortrag war, muss es so wirken, als hätte man es durchaus noch ein kleines bisschen besser machen können. Der unangenehmste Moment folgt unmittelbar darauf, während der Vortragende im Begriff ist zu erwidern.

In der Regel läuft es folgendermaßen: Der Vortragende unterbricht unvermittelt seinen Redefluss und sieht mir so intensiv in die Augen, als versuchte er angestrengt, sich an etwas zu erinnern, das ihm partout nicht einfallen will. Nachdem seine Blicke mich schon so in Angst und Schrecken versetzt haben, dass ich am liebsten das Weite suchen würde, fällt der fatale Satz: »Bitte entschuldigen Sie, Stefano, aber womit genau beschäftigen Sie sich noch mal?« Diese Frage mit der angemessenen Körpersprache zu artikulieren, ist gar nicht so einfach. Es muss so wirken, als ob einem der allgemein bekannte Beruf des Kollegen aus unerfindlichen Gründen plötzlich nicht mehr in den Sinn käme.

Das war zumeist der Punkt, an dem die Liturgie die gewohnten Pfade verließ. Bis hierher mochte es mir ja noch gelungen sein, ein würdevolles Erscheinungsbild zu wahren, doch meinen Beruf zu enthüllen, entlarvte mich zwangsläufig als ebenso deplatziert wie eine Zwiebel im Champagnerglas. »Ich befasse mich mit Pflanzen. Ich bin Agronom.« Das ist in der Tat eine Antwort, die im wissenschaftlichen Kanon nicht vorgesehen ist. Arzt, Physiker, Chemiker, Jurist, Architekt oder Ingenieur, das sind allesamt respektable akademische Berufe. Selbst so extravagante Gestalten wie Philosophen, Mathematiker, Geographen und Geologen gelten als anerkannte Wissenschaftler. Aber ein Agronom? Was für eine Wissenschaft soll das sein? In diesem Augenblick wird einem klar, dass man besser den Mund gehalten hätte.

Der Vortragende hält die Antwort vermutlich für einen Scherz, denn er kann sich nicht vorstellen, der distinguierte Herr, mit dem er sich gerade so freundschaftlich und kollegial unterhält, sei ein »Agronom«. Ja im Grunde weiß er noch nicht einmal genau, was ein Agronom überhaupt ist, nur, dass es irgendetwas ist mit Landwirtschaft zu tun haben muss. Womöglich erinnert ihn dieses Wort vage an die große russische Literatur, denn erwähnte Tolstoi in seinen Romanen nicht hin und wieder Agronomen? Wenn er besonders belesen ist, wird ihm vielleicht K., der Protagonist in *Das Schloss* von Kafka in den Sinn kommen. »Ah, interessant. Sie machen also dasselbe wie K.« Daraufhin würde ich ihn gerne darüber aufklären, K. sei eigentlich Landvermesser und es gehe in dem Roman nicht zuletzt darum, ob ein solcher überhaupt bestellt wurde. Aber dazu kommt es nicht, denn sobald sie erfahren, dass ich ein Agronom bin, beginnen der Vortragende und die Zuhörer im Geiste das Weite zu suchen.

Ich glaube, Erfahrungen wie diese macht so ziemlich jeder, der sich mit Pflanzen beschäftigt. Wer Pflanzen erforscht, wird ebenso marginalisiert wie die Materie, mit der er sich befasst, denn Pflanzenforschung wird als etwas angesehen, das eher auf den Bauernhof gehört als an die Universität. Pflanzenforscher werden belächelt und gelten als exzentrisch, weil sie Grünzeug studieren, anstatt sich wie echte Wissenschaftler wichtigen Themen zu widmen. Diese verzerrte, die tatsächlichen Verhältnisse negierende Sichtweise hat dazu geführt, dass in allen Bereichen der biologischen Wissenschaft, von der Zellbiologie bis zur Anatomie und von der Ökologie bis zur Evolutionsforschung, stets die Tierwelt im Vordergrund stand, während man Erkenntnissen aus der Pflanzenwelt nur wenig Bedeutung beimaß. Dabei wurden – wie ich schon an anderer Stelle ausgeführt habe – viele grundlegende Entdeckungen, zum Beispiel im Bereich der Zellbiologie, zuerst in der Pflanzenwelt gemacht. Doch man ignorierte sie und verlieh den Nobelpreis lieber jemandem, der nachweisen konnte, dass die von Botanikern gewonnenen Erkenntnisse auch für irgendeinen unbedeutenden tierischen Organismus zutreffen. Stets wird so getan, als seien Einsichten über 0,3 Prozent des Lebens wichtiger als solche, die für 85 Prozent gelten. Diese Haltung werde ich niemals verstehen.

Ein Beispiel dafür ist der Umstand, wie selten Pflanzen als gerichtliche Beweismittel herangezogen werden. Angesichts ihrer Omnipräsenz muss man sich schon fragen, wie das möglich ist. Zumal es allein der Botanik zu verdanken ist, dass in der Vergangenheit einige aufsehenerregende Kriminalfälle aufgeklärt werden konnten. Nehmen wir nur die als »Jahrhundertverbrechen« geltende Entführung und Ermordung des Sohnes von Charles Lindbergh (1902–1974). In diesem Fall waren es botanische Erkenntnisse, die erstmals bei einem Prozess zugelassen wurden und maßgeblich dazu beitrugen, den Täter zu überführen. Deshalb ist es an der Zeit, diese Geschichte einmal aus einer anderen Perspektive zu erzählen.

1927 überflog der damals 25-jährige Charles Lindbergh als erster Mensch allein und ohne Zwischenhalt den Atlantik. Diese Leistung machte ihn und sein Flugzeug, die von ihm selbst mitentworfene *Spirit of St. Louis*, über Nacht weltberühmt. Zugleich gewann er damit den vom New Yorker Hotelier Raymond Orteig 1919 ausgelobten und mit 25.000 Dollar dotierten Orteig-Preis, für den ersten Nonstop-Flug von New York nach Paris. Die wenigen, die sich vor ihm an diesem Kunststück versucht hatten, waren allesamt gescheitert. Das Hauptproblem bestand darin, ausreichend Treibstoff mit an Bord zu nehmen, um den Atlantik überqueren zu können.

1926 etwa verunglückte das hoffnungslos überladene Flugzeug des französischen Flieger-Asses René Fonck schon beim Start, was zwei der vier Besatzungsmitglieder das Leben kostete. Auch drei amerikanische Besatzungen und ein weiterer französischer Versuch im folgenden Jahr endeten tödlich. Erst Lindbergh schaffte es. Dabei verfügte er nur über sehr geringe Mittel und setzte bei dieser Unternehmung alles auf eine Karte. Im Gegensatz zu den zwei- oder dreimotorigen Doppeldeckern, mit denen man es bis dahin versucht hatte, handelt es sich bei der *Spirit of St. Louis* um einen einmotorigen Eindecker. Um Gewicht zu sparen, beschloss Lindbergh, allein zu fliegen, und ließ außerdem alle nicht unbedingt notwendigen Einbauten und Instrumente entfernen. Auch das Funkgerät fiel dieser Maßnahme zum Opfer. Um das Treibstoffproblem zu lösen, gestaltete man die Nase des Flugzeugs so um, dass der Haupttank vor der Pilotenkanzel eingebaut werden konnte. Dadurch konnte er zwar nicht mehr nach vorn, in Flugrichtung sehen, doch Lindbergh behalf sich mit einem kleinen Spiegelperiskop und Blicken aus den Seitenfenstern.

Unter diesen erschwerten Bedingungen hob Lindbergh mit seinem fliegenden Treibstofftank am 20. Mai 1927 um 7.52 Uhr vom Roosevelt Field bei New York ab und landete genau 33 Stunden und 32 Minuten später sicher in Le Bourget bei Paris. Seine fliegerische Glanzleistung machte Charles Lindbergh zu einem der berühmtesten Männer der Welt. In den Vereinigten Staaten galt er als Nationalheld. Die USA ernannten ihn zum Oberst der Air Force Reserve und verliehen ihm das Distinguished Flying Cross, die Medal of Honor und vier weitere Auszeichnungen. Von der französischen Regierung erhielt er den Orden der Ehrenlegion, und das *Time*-Magazin kürte ihn zum »Mann des Jahres«.

Als acht Jahre später, am Abend des 1. März 1932, sein ältester Sohn Charles Augustus Lindbergh jr. im Alter von nur zwanzig Monaten aus seinem Haus in New Jersey entführt wurde, war Lindbergh immer noch ein amerikanisches Idol, so dass der Fall großes Aufsehen erregte. Die Zeitungen berichteten ausführlich über die Umstände der Entführung. Demnach brachte die Haushälterin Betty Gow das Kind nach dem Abendessen zu Bett. Lindbergh, der sich in der Bibliothek aufhielt, die sich gleich neben dem Kinderzimmer befand, hörte gegen 21.30 Uhr ein Geräusch, beachtete es aber nicht weiter, weil er glaubte, es käme aus der Küche. Um 22 Uhr sah die Haushälterin noch einmal nach dem Kind, fand das Bett jedoch leer und das Fenster geöffnet vor. Nachdem der Kleine auch nicht bei seiner Mutter war, wurde rasch klar, dass es sich um eine Entführung handelte, zumal ein Umschlag mit der Lösegeldforderung auf dem Fensterbrett des Kinderzimmers gefunden wurde. Lindbergh rief die Polizei und durchsuchte den Garten, wobei er Reifenspuren und eine im Gebüsch versteckte Holzleiter entdeckte, die eines der Hauptbeweisstücke der Staatsanwaltschaft werden sollte. Aber der Reihe nach.

Mit der Untersuchung des Falles wurde Herbert Norman Schwarzkopf sen. (1895–1958), der Superintendent der New Jersey State Police betraut. Schwarzkopf war übrigens der Vater von Stormin Norman, der sechzig Jahre später die alliierten Streitkräfte im ersten Golfkrieg anführen sollte, aber das nur am Rande. Obwohl das Lösegeld gezahlt wurde, blieb das Kind verschwunden, und auch nach über zwei Monaten waren die Ermittlungen noch keinen Schritt weitergekommen. Dann hielt ein Lastwagenfahrer am 12. Mai 1932 auf einem nur wenige Kilometer vom Lindbergh-Anwesen entfernten Feldweg um zu urinieren, und fand die Leiche des Kindes in einem Waldstück.

Bevor der Täter überführt und zwei Jahre später in einem aufsehenerregenden Prozess verurteilt werden konnte, bei dem – wie erwähnt – erstmals botanische Beweise zugelassen wurden, bedurfte es allerdings noch aufwendiger Ermittlungen. Auf die Spur kamen die Ermittler dem Entführer durch Banknoten des Lösegeldes, deren Seriennummern sorgfältig notiert worden waren.[1] Eine ganze Reihe der inkriminierten Scheine war in Manhattan, genauer gesagt entlang der U-Bahnlinie IRT Lexington Avenue aufgetaucht, so dass man nun die Banken und Geschäfte bis in einige hundert Meter Entfernung von der U-Bahn-Linie überprüfte. Das war eine mühselige Arbeit, doch schließlich hatten die Ermittler das Glück der Tüchtigen. Ein Angestellter der Corn Exchange Bank in Manhattan identifizierte einen der Zehn-Dollar-Scheine aus dem Lösegeld, auf den jemand mit Bleistift eine Autonummer notiert hatte: 4U-13-41-NY. Die Polizisten konnten den Geldschein bis zu dem Tankwart zurückverfolgen, der ihn bei der Bank eingezahlt hatte. Dieser sagte aus, er habe sich das Kennzeichen des blauen Dodge aufgeschrieben, weil er fürchtete, es könnte sich um Falschgeld handeln. Beim Besitzer des Wagens handelte es sich um Bruno Richard Hauptmann (1899–1936), einen vorbestraften Tischler, der aus Deutschland eingewandert war und in der 1279 East 222nd Street in der Bronx wohnte. In seiner Garage fanden die Ermittler 14.000 Dollar des Lösegeldes.

Doch so belastend dieses Indiz auch war, für eine Verurteilung hätte es womöglich nicht ausgereicht. Schließlich hätte jemand anderer das Geld in Hauptmanns Garage versteckt haben können, um von sich abzulenken, oder es könnte Hauptmann vom wahren Täter ausgehändigt worden sein. Mit anderen Worten, das Geld war trotz allem nicht der »rauchende Colt«, der eine Geschworenenjury ohne jeden Zweifel von der Schuld des Angeklagten überzeugt hätte. Die Ermittler mussten also etwas finden, das den Verdächtigen mit dem Lindbergh-Haus in Verbindung brachte und bewies, dass er dort gewesen war. Tatsächlich fanden sie bei der Durchsuchung von Hauptmanns Wohnung nicht nur ein Notizbuch mit der Skizze einer Leiter, wie sie unmittelbar nach der Entführung des Lindbergh-Babys gefunden worden war, sondern auch eine Bodendiele, aus der anscheinend ein Holm für die besagte Leiter herausgesägt worden war, denn das Holz von Diele und Leiter ähnelten einander sehr.

Aber ähnlich heißt nun einmal nicht identisch. Um einen echten Beweis zu haben, musste zweifelsfrei nachgewiesen werden, dass der Leiterholm aus jenem speziellen Holzstück gefertigt worden war, das man bei Hauptmann gefunden hatte. An dieser Stelle kam Dr. Arthur Koehler (1885–1967) ins Spiel, ein Experte für Holzanatomie (Xylotomie) und Holzforschung vom Forest Products Laboratory der amerikanischen Forstverwaltung in Madison, Wisconsin. Nur dank seiner Arbeit konnte einer der berühmtesten Fälle der amerikanischen Justizgeschichte gelöst werden. Arthur Koehler war mit der Untersuchung der Leiter betraut worden, die der Entführer im Garten des Lindbergh-Anwesens zurückgelassen hatte. Und ihm war sofort klar,[2] eine detaillierte Untersuchung könnte wertvolle Hinweise auf den Täter liefern. Gleichzeitig war ihm bewusst, Beweise, die auf Holzuntersuchungen basierten, würden vor Gericht nur dann Bestand haben, wenn sie über jeden Zweifel erhaben waren, schließlich waren noch niemals zuvor »botanische« Beweise bei einem Prozess zugelassen worden. Um überhaupt gehört zu werden, musste Koehler also im Holz der Leiter Hinweise finden, an deren Eindeutigkeit nicht zu rütteln war. Und ein ausreichend intelligenter Richter, der noch dazu für neuartige Beweisführungen offen war, konnte natürlich auch nicht schaden.

Obwohl die Xylotomie nur wenigen geläufig sein dürfte, geriet dieser Teilbereich der Pflanzenanatomie schon früh in den Fokus der modernen Forschung. So gehörte Holz zu den ersten Dingen, die Antoni van Leeuwenhoek (1632–1723), der Pionier der Mikroskopie, zu Beginn des 17. Jahrhunderts untersuchte. Seither haben wir viel über die Anatomie des Holzes, seine faszinierenden Makro- und Mikrostrukturen dazugelernt. Baumstämme sind im Grunde nichts anderes als hydraulische Systeme, denn sie bestehen aus Aneinanderreihungen von toten, hohlen Zellen, die lange Leitungen bilden, in denen Wasser und die darin gelösten Stoffe von den Wurzeln zu den Blättern transportiert werden. Gemeinsam mit dem Parenchym, dem pflanzlichen Grundgewebe, in das sie eingeschlossen sind, bilden diese Strukturen das Xylem (vom griechischen Wort *xylon*, für Holz), also den Holzteil der Pflanzen. Die lebenden Zellen des Phloems (vom griechischen *phloios*, für Bast, Rinde) hingegen transportieren den Zucker, der in den Blättern mittels Photosynthese produziert wird, zum Rest der Pflanze. Bei jeder Art bilden die verschiedenen Zelltypen des Xylems eigene, unverwechselbare Muster. Auf diese Weise kann ein Holzanatom die Baumart bestimmen, von der ein bestimmtes Holzstück stammt.

Genau das tat Arthur Koehler. Und als er die Leiter in seinem Labor untersuchte, machte er sofort eine entscheidende Entdeckung: Sie war nämlich selbstgebaut, also kein maschinell gefertigtes Massenprodukt, von dem es Tausende gleichartige Exemplare gab, sondern ein einzigartiger Gegenstand, der wichtige Informationen über seinen Erbauer liefern konnte. Tatsächlich deutete die nachlässige, ungenaue Machart der Leiter darauf hin, dass ihr Erbauer zwar über einige rudimentäre Kenntnisse verfügte, aber sicher kein geschickter Tischler war. Außerdem wiesen die aus dem weichen Holz der Gelbkiefer (*Pinus ponderosa*) gefertigten Sprossen keinerlei Abnutzungsspuren auf, was bedeutete, die Leiter war offenbar eigens für die Entführung gebaut worden.

Insgesamt wurden beim Bau der Leiter vier verschiedene Holzarten verwendet. Eine der elf Sprossen bestand aus Douglastanne (*Pseudotsuga menziesii*), ebenso drei der sechs Holme – es handelte sich um eine aus drei Segmenten zusammengefügte Teleskopleiter. Die übrigen Holme waren aus Fichtenkiefer (*Pinus echinata*) oder einer eng verwandten Art gemacht. Außerdem hatte man die drei Teile der Leiter mit Dübeln aus Birke (wahrscheinlich *Betula alba*) verbunden. Ausschlaggebend für Hauptmanns Verurteilung waren schließlich einige Besonderheiten an einem der Holme (Bauteil Nummer 16). Koehler bemerkte darin vier Nagellöcher, die auf eine frühere Verwendung des Holzes schließen ließen, denn sie hatten für die Konstruktion der Leiter keine Funktion. Hinzu kamen die helle Farbe des Holzes und der Umstand, dass es um die Nagellöcher keinerlei Rostspuren gab, was darauf hindeutete, dass die Leiter nicht der Witterung ausgesetzt und folglich nicht im Freien gelagert worden war.

Aus diesen Beobachtungen und der geringen Qualität des Holzes schloss Koehler, Bauteil Nummer 16 musste aus einer Scheune, einer Garage oder von einem Dachboden stammen. Wie wir noch sehen werden, trugen diese Schlussfolgerungen mit dazu bei, Hauptmann festzunageln. Doch Koehler fand noch sehr viel mehr heraus. So gelang es ihm, lediglich anhand der Hobelspuren auf einigen Bauteilen das Sägewerk in South Carolina zu identifizieren, in dem das Holz ursprünglich zugeschnitten worden war. Daraufhin konnte sogar ermittelt werden, welcher Händler das betreffende Holz letztlich verkauft hatte, nämlich die nur zehn Blocks von Hauptmanns Wohnung entfernte National Lumber and Millwork Co.

Zu diesen Erkenntnissen gelangte Koehler allerdings bereits lange, bevor die Polizei den Verdächtigen festnahm und während der Hausdurchsuchung auf die angesägte Bodendiele stieß. Wenn Koehler jetzt noch beweisen könnte, dass Bauteil Nummer 16 eindeutig aus dieser Diele hergestellt worden war, hätte man damit besagten »rauchenden Colt« zur Hand, der jedes Geschworenengericht der Welt von Bruno Hauptmanns Schuld überzeugen würde. Und was soll ich sagen, er schaffte es. Die vergleichende Untersuchung der Jahresringe zeigte, dass der Holm aus Hauptmanns Bodendiele stammte. Und nicht nur das. Um auch die letzten Zweifel auszuräumen, wies Koehler nach, dass Jahresringe ebenso einzigartig sind wie Fingerabdrücke, denn jeder Baum hat sein eigenes, unverwechselbares Muster.

Der Prozess gegen Bruno Hauptmann begann im Januar 1935. Noch nie zuvor in der amerikanischen Justizgeschichte hatte ein Gerichtsverfahren für so viel öffentliche Aufmerksamkeit gesorgt. Koehler wurde am fünften Prozesstag befragt und dann noch einmal, sehr viel ausführlicher, als Kronzeuge vor dem abschließenden Plädoyer der Staatsanwaltschaft. Zu diesem Zeitpunkt war allen klar, dass Koehlers Aussage für den Ausgang des Prozesses entscheidend sein würde. Deshalb versuchte Hauptmanns Verteidiger Edward J. Reilly, den Richter dazu zu bewegen, sie mit der Begründung abzulehnen, die Holzanatomie sei keine Wissenschaft. Fairerweise muss man sagen, dass Zeugenauftritte von Sachverständigen bei Gerichtsverfahren in dieser Zeit eine seltene

Praxis waren. Dennoch kam es bei schwierigen Beweisführungen bisweilen vor, dass Experten aus bestimmten Fachgebieten zu Rate gezogen wurden – bis dahin war darunter allerdings noch niemals ein Botaniker.

Dennoch ist bemerkenswert, mit welcher Verachtung Reilly seinen Ablehnungsantrag begründete:

> So etwas wie einen Holzsachverständigen gibt es nicht. Das ist keine vor Gericht anerkannte Wissenschaft. Es ist nicht dasselbe wie ein Handschriften-, Fingerabdruck- oder Ballistikexperte. Das sind gerichtlich anerkannte Wissenschaften. Der Zeuge kann vielleicht als Tischlereiexperte oder so etwas aussagen, aber wenn er versucht, sich als Holzsachverständiger aufzuspielen oder Meinungen zu äußern, dann ist das etwas völlig anderes (...) Er ist einfach jemand, der viel Erfahrung mit der Untersuchung von Bäumen hat, der sich mit Rinde und solchen Dingen auskennt. Er kann uns hier vor Gericht erzählen, was er getan oder gesehen hat, aber er kann nicht einfach herkommen und seine Meinung als Experte oder Wissenschaftler verkünden, das ist etwas völlig anderes. Seine Meinung ist nicht mehr wert als die der Geschworenen, denn sie sind genauso qualifiziert wie er und können die Sache genauso gut beurteilen.[3]

Der Richter sah das allerdings völlig anders. »Ich sage, dass diese Zeugenaussage als Expertenmeinung anzusehen ist«,[4] verkündete er. Diese Worte besiegelten aber nicht nur Bruno Hauptmanns Verurteilung zum Tode auf dem elektrischen Stuhl, sie markieren zugleich auch die Geburtsstunde der forensischen Botanik.

Doch obwohl sie sich gleich bei ihrem ersten Auftritt vor Gericht so glänzend bewährt hat und seit dem Hauptmann-Prozess fast neunzig Jahre vergangen sind, ist die Botanik im Vergleich zu den anderen Wissenschaften immer noch das Aschenputtel der Forensik. Das ist mir unerklärlich, denn Pflanzenreste unterschiedlichster Art finden sich buchstäblich überall. Pflanzenfrei zu sein, ist praktisch unmöglich, schließlich macht der Mensch nur einen unbedeutenden Bruchteil der

Lebensformen auf diesem Planeten aus und ist immer irgendwelchen Pflanzenbestandteilen ausgesetzt. Man kann ihnen nirgends entfliehen, repräsentieren Pflanzen doch 85 Prozent der Biomasse. Das macht sie natürlich zu einer idealen Beweisquelle, die auf makroskopischer (Holz oder Holzkohle, Blätter, Früchte, Zweige, Blüten, Wurzeln usw.) und mikroskopischer Ebene (Trichome, Algen, Sporen, Pollen usw.) mit einer unglaublichen Fülle an Indizien aufwarten kann. Die morphologische Vielfalt möglicher Pflanzenfunde, die Vergesellschaftung unterschiedlicher Arten und ihre relative Menge liefern wichtige Informationen. Auf diese Weise lässt sich zum Beispiel die Jahreszeit oder der Ort bestimmen, an dem ein Verbrechen verübt wurde, etwa im Fall, dass eine Leiche bewegt oder vergraben wurde. Findet sich entsprechendes Pflanzenmaterial am Körper oder an der Kleidung eines Verdächtigen, lässt sich darüber Auskunft geben, ob er am Tatort gewesen ist. Vor allem Pollen und Sporen sollten in dieser Hinsicht mehr kriminalistische Beachtung finden, denn sie verbreiten sich durch die Luft und haften deshalb nicht nur in erheblichen Mengen an unserer Kleidung, sondern können auch in den Atemwegen nachgewiesen werden.

Die Palynologie, so die wissenschaftliche Bezeichnung der Pollenanalyse, ist der Zweig der Botanik, der sich dem Studium dieser mikroskopisch kleinen biologischen Bestandteile widmet. Sie untersucht aber nicht nur Pollen, sondern auch die Sporen von Moosen, Bärlappgewächsen, Farnen oder Pilzen. Die Palynologie ist ein wichtiges Instrument der Archäologie und Klimaforschung, trägt aber auch viel dazu bei, Kriminalfälle zu lösen. Der erste und zugleich berühmteste Fall, der mit Hilfe einer palynologischen Expertise gelöst werden konnte, betraf das plötzliche Verschwinden eines Mannes in Österreich im Jahr 1959. Obwohl es keine Leiche gab, ging man davon aus, er sei ermordet worden. Die Ermittler hatten sogar einen Verdächtigen, aber nur sehr wenige Beweise, zu denen jedoch ein Paar schlammbedeckte Stiefel gehörten. Ein Palynologe analysierte den Schlamm und fand darin etwas ausgesprochen Seltenes, nämlich die zwanzig Millionen Jahre alten versteinerten Pollen eines Walnussbaumes. Die betreffende Baumart wächst bereits seit mehreren Millionen nicht mehr in Österreich, aber ihre versteinerten Pollen kann man noch in einer kleinen Region an der Donau finden. Als die Ermittler ihn mit diesen Informationen konfrontierten, gestand der Verdächtige schließlich die Tat und führte die Beamten zur Leiche.[5]

Die Palynologie trug auch zur Aufklärung von Kriegsverbrechen in der ehemaligen DDR bei[6] und half dabei, die letzten Wege von Ötzi, dem Mann aus dem Eis, nachzuvollziehen und die Jahreszeit zu bestimmen, in der er starb. Außerdem kann das Wurzelwachstum auf Leichen oder vergrabenen Gegenständen dank der Wachstumsringe Hinweise darauf geben, wann etwas abgelegt wurde.[7]

Bisweilen kann auch die Analyse von Pflanzen-DNA entscheidende Hinweise liefern. So geschehen im Fall einer Mädchenleiche, die der Mörder mitten in der Wüste Arizonas abgelegt hatte. Man schrieb den 2. Mai 1992, als Tim Helentjaris von der University of Arizona nachweisen konnte, dass zwei Schoten, die im Kleintransporter eines Verdächtigen gefunden worden waren, von einem Jerusalemsdorn (*Parkinsonia aculeata*) am Tatort stammten. Es war das erste Mal in der Rechtsgeschichte, dass ein Gericht Beweise aus Pflanzen-DNA zuließ.

Dessen ungeachtet sucht man unter den vielen forensischen Teildisziplinen, die es mittlerweile gibt, immer noch vergeblich nach ausgewiesenen Pflanzenexperten. In der Abteilung für wissenschaftliche Untersuchungen der Carabinieri (RIS) etwa gibt es Molekularbiologen (hauptsächlich zuständig für DNA-Analysen und organische Spuren), Chemiker (für nicht-biologische Spuren wie Fasern, Farbfragmente, Flüssigkeiten unbekannter Herkunft und nicht identifizierte Chemikalien), Ballistiker (für Schusswaffen, aber auch für Messer, Schwerter, Bajonette usw.), Daktyloskopieexperten (für Fingerabdrücke), Phonetiker und Graphologen (für Stimmvergleiche, Graphologie, anthropometrische Untersuchungen), Psychiater und Psychologen (für Profiling), Soziologen, Kriminologen, Statistiker und Informatiker (um Stalking, Erscheinungsformen von Gewalt und Belästigung gegenüber gefährdeten Personen zu untersuchen und zu verfolgen). Aber unter all diesen Spezialisten scheint es nicht einen einzigen Botaniker oder Pflanzenexperten zu geben.

Auch in anderen Staaten mit großen wissenschaftlichen Polizeiapparaten sieht es nicht besser aus. Einige Forensiklabore leisten sich zwar Entomologen (Insektenkundler), aber keines einen Botaniker. In der neuesten Ausgabe seines Forensikhandbuchs von 2019 (*Handbook of Forensic Services*) erwähnt das FBI[8] lediglich Holzfasern. Alle anderen Arten von Pflanzenmaterial scheinen es nicht wert zu sein, vom Tatort geborgen zu werden. Das Wort »Pollen« etwa sucht man im gesamten Handbuch vergeblich. Das ist nicht weiter verwunderlich, denn noch 1990 wussten bei einer Umfrage nur zwei von dreißig der größten Forensiklabore in den Vereinigten Staaten, dass Pollen als forensisches Hilfsmittel verwendet werden können.[9] Die Einschätzung von Bruno Hauptmanns Verteidiger, die Botanik sei keine Wissenschaft, scheinen bis heute viele zu teilen.

08__Pflanzen des Mondes

—Pflanzen waren die ersten Lebewesen, die den Weltraum erreichten, und sie werden auf der Reise durchs Sonnensystem stets unsere Begleiter sein.

08__PFLANZEN DES MONDES

Zu einer Zeit, als Pflanzen bereits ein fester Bestandteil meines Lebens waren, sprang mir beim Durchblättern eines amerikanischen Gartenmagazins eine Anzeige ins Auge. Sie warb für Ableger von Bäumen, die bedeutenden Menschen der Geschichte – aus welchem Grund auch immer – besonders am Herzen gelegen hatten, und bot einem die Möglichkeit, sie im eigenen Garten anzupflanzen. Das abgedruckte Foto zeigte einen Herrn in der Kleidung des 18. Jahrhunderts mitsamt Spazierstock, der zufrieden im Schatten eines riesigen Baumes ruhte. Der zugehörige Slogan lautete: »Spazieren Sie mit Washington unter seinem Lieblingsbaum«. Für 60 Dollar plus Versandkosten bekam man einen Setzling, hervorgegangen durch vegetative Vermehrung (also Klonen) aus einem Baum, der mit Momenten oder Akteuren der amerikanischen Geschichte in Verbindung stand.

Man konnte also den Rot-Ahorn, der Henry David Thoreau (1817–1862) inspiriert hatte, Mark Twains (1835–1910) Eiche oder die Platanen, die George Washington (1732–1799) in Mount Vernon 1795 gepflanzt hatte, noch einmal aufziehen. Und zwar genau dieselben Bäume. Natürlich nicht in derselben Größe und nicht am historischen Ort, aber eben doch dieselben Bäume. Übertragen auf die Tierwelt wäre das ungefähr so, als ob wir Alexanders Streitross Bukephalos, Napoleons Kriegspferd Marengo, das er bei Austerlitz, Jena, Wagram und Waterloo ritt, oder den Hund Laika, das erste Lebewesen im Weltraum, zurück ins Leben holen könnten.

Der Gedanke, solche berühmten Bäume nochmals aufzuziehen, war faszinierend, das ließ sich nicht leugnen, und die Liste dieser Bäume ist lang. Auch meine Mitarbeiter begannen, sich für das Thema zu begeistern, so dass wir häufig darüber diskutierten. Sollte man eine Platane Washingtons oder den Ahorn von Thoreau aufziehen? Jeder hatte da seine eigenen Präferenzen. Wir überlegten sogar, eine Tauschgruppe zu gründen, in der jeder einen anderen Baum erwarb, den anderen aber einen Ableger davon überließ. Das Ganze war ein bisschen so wie damals, als wir Kinder waren und gemeinsam Schallplatten sammelten. Jeder kaufte eine, die die anderen dann mit ihren Kassettenrecordern aufnehmen durften. Nur dass es im Fall der Bäume sehr viel besser funktioniert hätte, denn anders als bei den Kassetten wären die Kopien mit dem Original absolut identisch gewesen.

Doch wie schon früher bei den Schallplatten wurde auch über die Auswahl der Bäume endlos diskutiert. So galt es, schmerzliche Entscheidungen zu treffen, und wir sprachen im Labor eine Zeit lang über kaum etwas anderes. Als wir es endlich geschafft hatten, die endgültige Liste zusammenzustellen, erschien der eigentliche Feind am Horizont: die Bürokratie. Wie sich zeigte, ist es alles andere als einfach, Pflanzen aus den Vereinigten Staaten nach Italien zu importieren, wenn man kein professioneller Gärtner ist. Und das war natürlich keiner von uns, so dass wir schnell an unsere Grenzen stießen. Vor allem ich, denn Bürokratie hat schon dann eine lähmende Wirkung auf mich, wenn der damit einhergehende Aufwand vergleichsweise gering ist. Doch in diesem Fall mussten tausend Dinge erledigt und noch mehr Formulare ausgefüllt werden. Ich glaube ja, dass es das eigentliche Ziel der Bürokratie ist, Anfragen im Keim zu ersticken. Nun, was mich betrifft, so ist ihr das gelungen. Mich hat die Bürokratie besiegt, denn ich beantrage gar nichts mehr. Manchmal stelle ich mir vor, es gäbe irgendwo ein geheimes Büro des Bürokratiesicherheits- und -abwehrdienstes, das im Verborgenen genau darauf hinarbeitet. Und jedes Mal, wenn ein Bürger für immer auf sein Recht verzichtet, etwas von den Institutionen einzufordern, stoßen die Mitarbeiter dieses Dienstes darauf an und tragen den Namen des Betreffenden in die goldene Liste der Schweigsamen ein, die Liste der perfekten Bürger.

Doch wie so oft – und das hat selbst die Bürokratie bislang nicht verhindern können – generiert Wissen neue Möglichkeiten, und so geschah auch in diesem Fall das Unerwartete. Während ich erwog, einen geschichtsträchtigen Baum zu erwerben, begann ich, mich ganz generell für das Thema zu interessieren, und landete schließlich bei den Mondbäumen. Die Geschichte dieser lange verkannten Wesen ist faszinierend.

Am 5. Februar 1971 startete Apollo 14 von Cape Kennedy aus (inzwischen wieder Cape Canaveral) in Richtung Mond. Die Besatzung bestand aus Alan Shepard (Kommandant), Stuart Roosa (Pilot der Kommandokapsel) und Edgar Mitchell (Pilot der Mondlandefähre). Es war die dritte bemannte Mondmission, und Alan Shepard (1923–1998), ein Veteran der Weltraumforschung, war gebeten worden, das Kommando zu übernehmen. Er sollte der fünfte Mensch – von insgesamt zwölf – werden, der seinen Fuß auf die Mondoberfläche setzte. Tatsächlich war Shepard der zweite Mensch und der erste Amerikaner, der ins All flog. Das war am 5. Mai 1961, also weniger als einen Monat nach Juri Gagarins (1934–1968) legendärem Flug vom 12. April 1961, und bewies, dass der technologische Vorsprung der Sowjetunion in der Raumfahrt nicht uneinholbar war.

Als Flieger, Seemann und Astronaut, der ein Jahrzehnt nach seiner ersten Mission wieder in den Weltraum zurückkehrte, repräsentiert Shepard den Prototypen des amerikanischen Helden. Er brachte zwei Golfbälle mit auf den Mond und schlug mit einem »Sechser-Eisen« ein paar Drives in reduzierter Schwerkraft, die nach seinen Angaben »Meilen und Meilen und Meilen« weit flogen. Shepard ist bis heute zwar der einzige Mondgolfspieler, aber den Rekord für den längsten Drive ist er mittlerweile losgeworden. Den hält nun der Kosmonaut Michail Tjurin

(*1960), der 2006 einen Golfball von der Raumstation ISS bis in die Erdatmosphäre schlug.

Aber in dieser Geschichte geht es nicht um Golf, und ihr Protagonist ist auch nicht Alan Shepard, sondern Stuart Roosa (1933–1994), mein Lieblingsastronaut. Der Pilot der Kommandokapsel hatte einen ähnlich abenteuerlichen Hintergrund wie Shepard, doch vor allem zeichnete ihn eine Leidenschaft für Pflanzen und Wälder aus. Bevor er ins Raumfahrtprogramm eintrat, hatte Roosa Mitte der 1950er-Jahre seine beiden Hauptinteressen – Abenteuer und Fliegen – in einem der gefährlichsten Berufe vereint, die man sich vorstellen kann, denn er war ein *Feuerspringer*. Was das ist? Nun, einfach gesprochen, handelt es sich dabei um Männer, die mit dem Fallschirm über unzugänglichen Waldgebieten abspringen, um dort ausgebrochene Feuer einzudämmen, Brandschneisen zu schlagen und die Ausbreitung der Flammen auf jede erdenkliche Weise zu verlangsamen, bis weitere Brandbekämpfer eintreffen. Roosas Liebe zu Bäumen entwickelte sich auf recht ungewöhnliche Weise. Bei seinen Absprüngen landete er unzählige Male in Baumkronen, wo sich sein Fallschirm im Astwerk verfing. Dort hing er dann, hoch oben im Blätterdach, und versuchte, sich zu befreien, ohne sich dabei das Genick zu brechen. In seinem Fall führten diese hautnahen Begegnungen dazu, dass er die wundersamen Waldriesen mehr und mehr schätzen lernte. Als dann Ed Cliff, der Chef des United States Forest Service, einige Tage vor dem Abflug anrief und ihn fragte, ob in seinem Mondreisegepäck nicht noch Platz für einen kleinen Metallbehälter mit 500 Baumsamen sei, sagte Roosa spontan zu.

Bei den Mitbringseln handelte es sich um Samen von Amberbäumen (*Liquidambar*), Mammutbäumen, Douglastannen (*Pseudotsuga menziesii*), Platanen, Kiefern und noch einigen Arten mehr. Man hatte sie ausgewählt, weil sie in den Vereinigten Staaten weit verbreitet sind und an vielen Orten gedeihen können. Die Anfrage an Roosa hatte natürlich einen wissenschaftlichen Hintergrund. Man wollte das Wachstum von Samen studieren, die im Weltraum gewesen waren, um es mit dem von Geschwistersamen zu vergleichen, die die Erde nie verlassen hatten. Nach der Rückkehr vom Mond sollten dann Samen derselben Eltern nahe beieinander eingepflanzt werden, damit man eventuelle Unterschiede im Wachstum untersuchen und bewerten könnte. Doch dazu kam es nicht. Als Apollo 14 am 9. Februar 1971 im Südpazifik landete, wären die Samen beinahe zerstört worden. Denn als der Behälter während der Dekontaminierung desinfiziert und Unterdruckverhältnissen ausgesetzt wurde, öffnete er sich und die Samen wurden überall verstreut. Dieses Missgeschick erhöhte die Keimungschancen natürlich nicht gerade.

Tatsächlich schlugen die ersten Keimversuche von NASA-Mitarbeitern fehl, was jedoch vor allem an deren Unerfahrenheit lag. Nachdem man sie kundigeren Händen überlassen hatte, keimten fast alle Mondsamen und brachten einige hundert Setzlinge hervor. Viele von ihnen wurden 1976 anlässlich der Zweihundertjahrfeier der Unabhängigkeitserklärung in den ganzen Vereinigten Staaten eingepflanzt, denn man war der Ansicht, diese Mondbäume würden den Geist der Gründerväter auf moderne Weise repräsentieren. Folgerichtig ehrte man auch den Garten des Weißen Hauses mit einer Mondkiefer. Der anwesende Präsident Gerald Ford (1913–2006) bezeichnete die Mondbäume als »lebende Symbole unserer großartigen menschlichen und wissenschaftlichen Errungenschaften.« Auf dem Washington Square in Philadelphia und am Kennedy Space Center in Cape Canaveral pflanzte man je eine Mondplatane, in Berkeley einen Mammutbaum, vor der Smoke-Jumpers-Basis in Oregon eine Douglastanne und so weiter. Andere Mondbäume wurden vor Schulen, Universitäten, Gerichten und öffentlichen Gebäuden platziert. Einige landeten auch im Ausland, etwa in Brasilien, der Schweiz und Italien. Ein Mondbaum ging als Geschenk an Kaiser Hirohito nach Japan. Doch das anfänglich so große Interesse an den Mondbäumen flaute rasch ab, so dass sie bald wieder in Vergessenheit gerieten.

Und so wäre es auch geblieben, wenn der NASA-Archivar Dave Williams 1996 nicht eine seltsame E-Mail von Mrs. Joan Goble aus Cannelton, einer kleinen Stadt in Indiana erhalten hätte. Die Lehrerin erkundigte sich darin nach einem im Koch Girl Scout Camp in Cannelton wachsenden Baum. An die NASA wandte sich Mrs. Goble, weil neben dem Baum eine Plakette angebracht war, die ihn als *Moon Tree* klassifizierte. In der Stadt schien niemand etwas über diese Pflanze zu wissen, doch die Lehrerin hielt es für unwahrscheinlich, dass der Baum tatsächlich vom Mond stammte, auf dem es bekanntlich kein Leben gab. Also bat sie die NASA um Aufklärung.

Williams war irritiert. Die Unterlagen der Apollo-Missionen gehörten zu seinem Zuständigkeitsbereich, aber über irgendwelche Mondbäume war in den Archiven nichts zu finden. Auch keiner seiner Kollegen hatte jemals etwas davon gehört. Die meisten hätten die seltsame Anfrage der Lehrerin aus Indiana daher wohl auf sich beruhen lassen, nicht jedoch Williams, dessen Berufsehre und angeborene Beharrlichkeit ihn zu weiteren Nachforschungen anstachelten. Dazu wandte er sich zunächst an die wenigen noch im Dienst befindlichen Mitarbeiter, die schon in den Siebzigern für die Weltraumagentur tätig gewesen waren, und fragte anschließend noch beim National Forest Service nach.

So kam die Geschichte der Mondbäume ans Licht. In den NASA-Archiven war deshalb nichts über die Bäume greifbar, weil sie nicht einem offiziellen Experiment der Raumfahrtbehörde, sondern der Initiative eines einzelnen Astronauten entsprungen waren. Denn anstatt sein gesamtes persönliches Gepäckkontingent an irgendwelchen Nippes zu verschwenden, um ihn anschließend teuer an Sammler von Raumfahrtfundstücken zu verkaufen, hatte Stuart Roosa beschlossen, lieber ein paar Baumsamen mit ins All zu nehmen. Nachdem er das herausgefunden hatte, konnte Williams endlich auch die Anfrage von Mrs. Gobles zu deren Zufriedenheit beantworten. Seine persönliche Neugier war allerdings noch längst nicht gestillt, gab es doch noch vieles in Erfahrung zu bringen. Wie viele Mondbäume hatte es gegeben? Wo waren sie gepflanzt worden? Und vor allem, wie viele waren noch am Leben? Und in welchem Zustand befanden sie sich?

Es war jedoch nicht nur berufliche Neugier, die Williams so gründlich nachforschen ließ. Er fand auch, dass die Mondbäume von der NASA nicht gut behandelt worden waren. Immerhin hatten sie an Bord von Apollo 14 34-mal den Mond umkreist, doch die Behörde hatte zugelassen, dass sie dem Vergessen anheim fielen. Durch die Recherche in Zeitungsarchiven gelang es Williams, eine ganze Reihe von Mondbäumen ausfindig zu machen, darunter die Kiefer am Weißen Haus und eine Platane, die direkt vor seinem Büro im Goddard Space Flight Center in Maryland stand. Selbst dort wusste niemand mehr, dass es sich um einen Mondbaum handelte. Außerdem erstellte er eine Webseite, auf der er um Informationen über Mondbäume bat. Seine Initiative führte dazu, dass die Presse sich für kurze Zeit des Themas annahm und das Interesse der Menschen an diesen Pflanzen neu entfachte. Schließlich konnte Williams etwa siebzig dieser Weltraumveteranen aufspüren, deren Hauptmerkmale (Art, Pflanzdatum, Ort und Zustand) seither für jedermann auf der NASA-Homepage einsehbar sind – so wie es guten Reisegefährten gebührt.

__ANMERKUNGEN

EINLEITUNG

1 Edward Elgar, *Letters of a Lifetime*, Oxford 1991.

01__Pflanzen der Freiheit

1 Dabei handelte es sich um ein Wortspiel mit dem Namen des Earl of Bute, der sich im Englischen wie *boot* (Stiefel) ausspricht, während die grüne Sohle auf Lord Grenville anspielte.

2 In wissenschaftlichen Darstellungen werden Graphen durch eine Menge von Elementen gebildet, die man als Knoten oder Ecken bezeichnet und die durch Kanten oder Bögen genannte Linien miteinander verbunden sind. Die Bäume der Brüderlichkeit umschreiben ein Wurzelnetzwerk, bei dem die Standorte der Freiheitsbäume die Knoten und die Wurzeln die Kanten repräsentieren.

02__Pflanzen der Stadt

1 Arnold J. Toynbee, *Unaufhaltsam wächst die Stadt*, Stuttgart 1971.

2 UNO, *World Urbanization Prospects: The 2018 Revision*, United Nations, New York 2019.

3 Columbia University Socioeconomic Data and Applications Center Gridded Population of the World and the Global Rural-Urban Mapping Project (GRUMP).

4 Gemeint ist der zwischen Erdatmosphäre und Van-Allen-Gürtel gelegene Bereich in 160–2000 Kilometern Höhe.

5 Marcel Cardillo et al., »The Predictability of Extinction: Biological and External Correlates of Decline in Mammals«, in: *Proceedings of the Royal Society B*, 275, 2008, S. 1441–1448.

6 Martin Warren et al., »Rapid Responses of British Butterflies to Opposing Forces of Climate and Habitat Change«, in: *Nature*, 414, 6859, 2001, S. 65–69.

7 Colin R. Townsend, Michael Begon und John L. Harper, *Essentials of Ecology*, Oxford 2003.

8 Joseph Grinnell, »The Niche-Relationships of the California Thrasher«, in: *The Auk*, 34, 4, 1917, S. 427–433.

9 Edward Glaeser, »Cities, Productivity, and Quality of Life«, in: *Science*, 333, 2011, S. 592–594.

10 David E. Bloom, David Canning und Günther Fink, »Urbanization and the Wealth of Nations«, in: *Science*, 319, 2008, S. 772–775.

11 Edward Glaeser, *Triumph of the City: How our greatest Invention makes us richer, smarter, greener, and happier,* New York 2011.

12 Mathis Wackernagel und William Rees, *Unser ökologischer Fußabdruck. Wie der Mensch Einfluss auf die Umwelt nimmt*, Basel 1997, S. 23.

13 Alan Calcott und Jamie Bull, *Ecological Footprint of British City Residents*, wwf report, wwf.org.uk, 2007.

14 Hannah Ritchie und Max Roser, *Land Use*, online verfügbar unter: OurWorldInData.org, https://ourworldindata.org/land-use, abgerufen im September 2019.

15 Erle C. Ellis et al., »Anthropogenic Transformation of the Biomes, 1700 to 2000«, in: *Global Ecology and Biogeography*, 19, 5, 2010, S. 589–606.

16 *The State of the World's Forests*, hg. von der Food and Agriculture Organization of the United Nations, Rom 2012.

17 Joseph Poore und Thomas Nemecek, »Reducing Food's Environmental Impacts Through Producers and Consumers«, in: *Science*, 360, 6392, 2018, S. 987–992.

18 Robert A. Beauregard, *Planning with Things*, 24th aesop annual conference (Helsinki, 7.–10. Juli 2010).

19 In diesem Zusammenhang sei daran erinnert, dass so gut wie alle menschlichen Innovationen in urbanen Umfeldern entwickelt wurden.

20 Patrick Geddes, *Chapters in Modern Botany*, London 1911.

21 Patrick Geddes, »On the Coalescence of Amoeboid Cells into Plasmodia, and on the So-Called Coagulation of Invertebrate Fluids«, in: *Proceedings of the Royal Society of London*, Bd. 30, 1879–1880, S. 252–255.

22 Patrick Geddes, *Cities in Evolution: An Introduction to the Town Planning Movement and the Study of Civics*, London 1915.

23 Tom Matthews, Robert Wilby und Conor Murphy, »Communicating the Deadly Consequences of Global Warming for Human Heat Stress«, in: *PNAS*, 114, 2017, S. 3861–3866.

24 Patrick E. Phelan et al., »Urban Heat Island: Mechanisms, Implications, and Possible Remedies«, in: *Annual Review of Environment and Resources*, 40, 1, 2015, S. 285–307.

25 Timothy R. Oke, »The Energetic Basis of the Urban Heat Island«, in: *Quarterly Journal of the Royal Meteorological Society*, 108, 455, 1982, S. 1–24.

26 Lisa Zaval und James F. M. Cornwell, »Effective Education and Communication Strategies to Promote Environmental Engagement«, in: *European Journal of Education*, 52, 2017, S. 477–486.

27 Jean-François Bastin et al., »Correction: Understanding Climate Change from a Global Analysis of City Analogues«, in: *plos one*, 14, 10, 2019, e0224120.

28 Jean-François Bastin et al., »The Global Tree Restoration Potential«, in: *Science*, 365, 2019, S. 76–79.

03__Pflanzen des Untergrunds

1 Martin Bader und Sebastian Leuzinger, »Hydraulic Coupling of a Leafless Kauri Tree Remnant to Conspecific Hosts«, in: *iScience*, 1–6, 2019, https://doi.org/10.1016/j.isci.2019.05.009.

2 René Joachim und Henri Dutrochet, »Observations sur la longue persistance de la vie et de l'accroissement dans la racine et dans la souche du Pinus picea L., après qu'il a été abattu«, in: *Annales des Sciences Naturelles*, 29, 1833, S. 300–303.

3 Barry Graham und Frederick Herbert Bormann, »Natural Root Grafts«, in: *The Botanical Review*, 32, 1966, S. 255–292.

4 Darüber habe ich in *Pflanzenrevolution*, München 2018, geschrieben.

5 Den Zustand eines Baumes können seine Nachbarn am Schatten und in den flüchtigen Verbindungen ablesen, die er erzeugt: Ragan M. Callaway, »The Detection of Neighbors by Plants«, in: *Trends in Ecology & Evolution*, 17, 2002, S. 104f., sowie Wouter Kegge und Ronald Pierik, »Biogenic Volatile Organic Compounds and Plant Competition«, in: *Trends in Plant Science*, 15, 2010, S. 126–132.

6 Jon E. Keeley, »Population Variation in Root Grafting and a Hypothesis«, in: *Oikos*, 52, 1988, S. 364–366.

7 Khadga Basnet et al., »Ecological Consequences of Root Grafting in Tabonuco (Dacryodes excelsa) Trees in the Luquillo Experimental Forest, Puerto Rico«, in: *Biotropica*, 25, 1993, S. 28–35.

04__Pflanzen der Musik

1 Gherardo Chirici et al., »Assessing Forest Windthrow Damage Using Single-Date, Post-Event Airborne Laser Scanning Data«, in: *Forestry*, 91, 2018, S. 27–37.

2 Barry Gardiner et al., *Destructive Storms in European Forests: Past and Forthcoming Impacts*, final report to ec dg Environment, 2010, https://ec.europa.eu/environment/forests/pdf/storms%20Final_Report.pdf.

3 Der Gattungsname Picea leitet sich vom lateinischen pix (Pech) ab, denn die Bäume dieser Gattung sind für ihre reichhaltige Harzproduktion bekannt.

4 Lloyd Burckle und Henri D. Grissino-Mayer, »Stradivari, Violins, Tree Rings, and the Maunder Minimum: A Hypothesis«, in: *Dendrochronologia*, 21, 2003, S. 41–45.

5 Peter Ratcliff, »Violin Detective«, in: *Nature*, 513, 2014, S. 486.

05__Pflanzen der Zeit

1 Leonardo da Vinci, *Codice Vaticano – Urbinate 1270*, Biblioteca Lateranense, Rom.

2 Von Opposition spricht man, wenn Mars und Erde sich in einer Linie mit der Sonne befinden. In dieser Konstellation sind sich die Planeten besonders nahe, und der Mars ist zusammen mit der Venus der hellste Stern am Nachthimmel, was seine Beobachtung natürlich erleichtert.

3 Stephen E. Nash, *Time, Trees, and Prehistory: Tree-Ring Dating and the Development of North American Archaeology* 1914–1950, Salt Lake City 1999.

4 Harold C. Fritts, *Tree Rings and Climate*, Caldwell 1976.

5 Andrew Ellicott Douglass, »The Secret of the Southwest Solved by Talkative Tree Rings«, in: *National Geographic Magazine*, 56, 6, 1929, S. 736–770.

6 Andrew Ellicott Douglass, *Climatic Cycles and Tree-Growth*, Carnegie Institution, Washington 1936, Bd. 3, S. 171 ff.

7 Donald J. McGraw, *Edmund Schulman and the ›Living Ruins‹: Bristlecone Pines, Tree Rings, and Radiocarbon Dating*, Bishop 2007.

8 Edmund Schulman, »Longevity under Adversity in Conifers«, in: *Science*, 119, 3091, 1954, S. 396–399.

9 Edmund Schulman, »Bristlecone Pine, Oldest Known Living Thing«, in: *National Geographic*, 113, 1958, S. 354–372.

10 E. C. Anderson et al., »Radiocarbon from Cosmic Radiation«, in: *Science*, 105, 1947, S. 576.

11 J. R. Arnold und Willard Frank Libby, »Age Determinations by Radiocarbon Content: Checks with Samples of Known Age«, in: *Science*, 110, 2869, 1949, S. 678–680.

12 Willard Frank Libby, *Radiocarbon Dating*, Chicago 1952.

13 Colin Renfrew, *Before Civilization: The Radiocarbon Revolution and Prehistoric Europe*, London 1973, S. 292 ff.

14 Hans E. Suess, »Bristlecone-Pine Calibration of the Radiocarbon Time-Scale 5200 B. C. to the Present«, in: Ingrid U. Olsson (Hg.), *Radiocarbon Variations and Absolute Chronology*, proceedings of the 12th Nobel Symposium, Stockholm 1970, S. 303–313.

15 V. Bucha, »Evidence for Changes in the Earth's Magnetic Field Intensity«, in: *Philosophical Transactions Royal Society*, Ser. A, 269, 1970, S. 47–55.

16 P. P. Tans et al., »Natural Atmospheric ^{14}C Variation and the Suess Effect«, in: *Nature*, 280, 1979, S. 826–828.

06__Pflanzen der Erkenntnis

1 Charles Dickens, *Amerika,* Übersetzung Otto von Czarnowsky, Braunschweig 1843, S. 128 f.

2 Parthenokarpie bezeichnet die Fruchtentwicklung von Pflanzen ohne vorherige Befruchtung und Samenbildung. Parthenokarpe Früchte wie die heute handelsüblichen Bananen haben also keine Samen.

3 Die Gattung Musa benannte 1753 Carolus Linnaeus (1707–1778) nach Antonius Musa (63 v. Chr. –14 v. Chr.). Der römische Arzt und Botaniker rettete Kaiser Augustus (63 v. Chr. –14 n. Chr.) das Leben, indem er ihn von einer mysteriösen Krankheit heilte.

4 Luigi Colla, »Memoria sul genere Musa e monografia del medesimo / dell'avvocato collegiato Luigi Colla«, in: *Memorie dell'Accademia reale delle scienze di Torino*, Bd. 25 1820.

5 Tim Denham et al., »Origins of Agriculture at Kuk Swamp in the Highlands of New Guinea«, in: *Science*, 301, 5630, 2003, S. 189–193.

6 Tyler Anbinder, *Five Points: The 19th-Century New York City Neighborhood That Invented Tap Dance, Stole Elections, and Became the World's Most Notorious Slum*, New York 2001.

7 Der Ig-Nobelpreis, der auch Anti-Nobelpreis genannt wird, ist eine satirische Auszeichnung, deren Name auf das englische Wort *ignoble* (unwürdig, schändlich) anspielt. Der Preis wird jährlich für »seltsame, amüsante und absurde« Forschungen verliehen, die »Menschen erst zum Lachen und dann zum Nachdenken bringen.« Der Zweck des Preises ist es, »das Ungewöhnliche und Phantasievolle zu belohnen und das Interesse der Öffentlichkeit an Wissenschaft, sMedizin und Technologie zu wecken.«

8 Kiyoshi Mabuchi et al., »Frictional Coefficient under Banana Skin«, in: *Tribology Online*, 7, 3, 2012, S. 147–151.

9 Supian Bin Samat et al., »The 40K Activity of One Gram of Potassium«, in: *Physics in Medicine and Biology*, 42, 2, 1997, S. 407.

10 Simone Moser et al., »Blue Luminescence of Ripening Bananas«, in: *Angewandte Chemie International Edition*, 47, 46, 2008, S. 8954–8957.

11 *Sgt. Pepper's Lonely Hearts Club Band* wird auf der *Rolling Stone*-Liste der »500 besten Alben aller Zeiten« als das beste Album der Rockgeschichte bezeichnet.

Die ersten fünf Plätze werden von Alben belegt, die alle zwischen 1965 und 1967 produziert wurden.

12 Später in United Fruit Company und schließlich in Chiquita Brands International umbenannt (s. o.).

13 John McMillian, *Smoking Typewriters: The Sixties Underground Press and the Rise of Alternative Media in America*, New York 2011.

14 Abraham D. Krikorian, »The Psychedelic Properties of Banana Peel: An Appraisal«, in: *Economic Botany*, 22, 4, 1968, S. 385–389.

15 Stokely Carmichael und Charles V. Hamilton, *Black Power. The Politics of Liberation*, New York 1967.

07__Pflanzen des Verbrechens

1 Gregory Ahlgren und Stephen Monier, *Crime of the Century: The Lindbergh Kidnapping Hoax*, Tucson 1993.

2 Arthur Koehler, »Techniques Used in Tracing the Lindbergh Kidnapping Ladder«, in: *Journal of Criminal Law and Criminology*, 27, 1936–1937, S. 712.

3 F. Pope, *State of New Jersey vs. Bruno Richard Hauptmann*, Trial transcript, 1935, S. 3796.

4 T. W. Trenchard, *State of New Jersey vs. Bruno Richard Hauptmann*, Trial transcript, 1935, S. 3805.

5 Grover Maurice Godwin (Hg.), *Criminal Psychology and Forensic Technology: A Collaborative Approach to Effective Profiling*, Boca Raton 2000.

6 R. Szibor et al., »Pollen Analysis Reveals Murder Season«, in: *Nature*, 395, 1998, S. 449 f.

7 James Pokines, »Two Cases of Dendrochronology Used to Corroborate a Forensic Postmortem Interval«, in: *Journal of Forensic Identification*, 68, 2018, S. 457–465.

8 FBI, *Handbook of Forensic Services*, 2019, https://www.fbi.gov/file-repository/handbook-of-forensic-services-pdf.pdf/view.

9 Vaughn M. Bryant, Dallas C. Mildenhall, »Forensic Palynology in the United States of America«, in: *Palynology*, 14, 1990, S. 193–208.

—AUTOR

Stefano Mancuso, geb. 1965, ist Professor für Pflanzenkunde und einer der führenden Autoren des »Nature Writing«. Mancuso forscht und lehrt an der Universität Florenz, wo er das Laboratorio Internazionale di Neurobiologia Vegetale leitet. Mit zahlreichen wissenschaftlichen Publikationen gilt er international als der führende Pflanzenforscher. Sein Buch *Die Intelligenz der Pflanzen* stand monatelang auf der Bestsellerliste.